Ons Mysterieuze Universum

Mark Nelson

Inhoud

Universum Als Bewustzijn *1*

Het Universum Als Onze Leraar *37*

Het Leven Van Het Individu Als Een Weerspiegeling Of Model Van Menselijke Evolutie *60*

Waar Zijn We Geweest (En Waarom Zijn We Er Nog Steeds) *84*

Individualisering Van De Vrije Wil *98*

Slecht *107*

Gordijn *115*

Ufo En Deva's *139*

School Is Afgelopen *145*

Terugkijkend Vanuit De Toekomst *160*

De Grote Oproep *163*

Universum Als Bewustzijn

Wat is de zin van het leven? Heeft het leven in het algemeen zin? En zo ja, wat moeten we ermee? Pas als we onszelf deze drie vragen stellen en antwoorden zoeken, worden we mens. Ik schrijf deze woorden, en buiten het raam is het ijs. Ik kijk met verrukking toe hoe het millimeterdikke ijsbas-reliëf geleidelijk de onderste twee derde van het glas bedekt. Na een minuut of twee verschijnt er een beeld dat lijkt op weelderige zomervegetatie: gevederde bladeren en ingewikkeld gebogen takken zijn duidelijk zichtbaar. Elke "plant" is uniek en tegelijkertijd perfect opgenomen in de compositie: het laat geen lege ruimtes achter en verduistert de buren niet. Een perfect plaatje is niet de vrucht van een perfect plan?

Het is onmogelijk om niet na te denken over de diepe betekenis van wat ik zie: de kunstenaar die dit geweldige werk heeft gemaakt -"gewoon" bevroren water (een anorganische stof die geen genen of DNA heeft). Wat voor soort energie schuilt er achter zulke verschijnselen en wat voor soort bewustzijn moet het hebben om zo'n schoonheid te plannen en te creëren? Weinig mensen zullen in staat zijn om zelf zo'n perfect patroon te tekenen, en het zal veel meer tijd kosten dan een paar minuten. Ik ben nog meer verrast dat de bestaande geloofssystemen, gedeeld door zogenaamd de meest geavanceerde naties op de planeet, niet alleen de meeste mysteries van de natuur niet overtuigend kunnen verklaren (dit is gewoon begrijpelijk), maar ze meestal liever negeren en zelfs proberen ontkennen veel fenomenen die niet passen in het kader van hun ideologieën. Negeren en ontkennen is misschien wel het beste waar mensen op kunnen rekenen die de aandacht van anderen op dergelijke realiteiten durven vestigen.

Het grootste probleem van onze traditionele religies en wetenschap is niet de beperkte kennis en zelfs niet een overschatting van de mate van het eigen begrip van de werkelijkheid. De grootste fout die ze maken, is wanneer ze degenen aanvallen die in staat zijn om een veel breder beeld waar te nemen een perfect universum en die proberen samen te werken met dit universum om het Licht te verspreiden, waardoor de menselijke kennis ver buiten de grenzen van rigide geloofssystemen wordt uitgebreid. Wat weerhoudt ons ervan om tegen onszelf te zeggen: ja, we weten nog steeds niet veel? Waarom is het erg om toe te geven dat er een mysterieuze wereld om ons heen is? Bovendien is bekend dat de kosmologische systemen van de orthodoxe wetenschap en de orthodoxe westerse religies elkaar grotendeels tegenspreken en zelfs in wezen uitsluiten. (We komen snel terug.)

En toch wil ik mijn standpunt vanaf het allereerste begin uitdrukken: ik geloof dat zowel wetenschap als religie gelijk hebben in iets belangrijks - ze bekijken de werkelijkheid gewoon vanuit verschillende posities. Maar als de wetenschap, met al haar rationaliteit, wijsheid mist, en religie, met al haar wijsheid, niet bestand is tegen redelijke analyse, dan zijn ze het niet eens met de hoogste, universele Waarheid. Het universum waarin we leven (en we kunnen het zelf om ons heen zien) is tenslotte redelijk, opportuun, wijs en vooral liefdevol. Dit is wat ik zal proberen te laten zien. Hier zijn slechts enkele voorbeelden van afwijkende verschijnselen die een diepe (en daarom verontrustende) betekenis hebben en daarom door ons establishment worden afgedaan als serieuze studie onwaardig.

Er zijn veel gevallen waarin het fysieke lichaam van een persoon werd gescheiden van hogere "lichamen" - in een staat van klinische dood, onder invloed van medicijnen of hoge snelheden (bij vallen, in een centrifuge), in een staat van shock, enz. Mensen die door anderen als bewusteloos werden beschouwd, observeerden hun fysieke lichaam vanaf de zijkant en konden vervolgens nauwkeurig de gebeurtenissen beschrijven die plaatsvonden.We hebben allemaal dromen, en soms ook andere visioenen, die veel vertellen over onze interne toestanden (onopgemerkte ziekten, complexen, enz.), of over wat we van de toekomst kunnen verwachten, en ons ook vertellen hoe we ons verder moeten gedragen (als we niet te lui zijn om ze te analyseren). Er zijn veel berichten over de zogenaamde poltergeist, bezetenheid en andere parapsychische verschijnselen. In de afgelopen halve eeuw (in feite door de hele geschiedenis heen), hebben over de hele wereld mensen die te vertrouwen zijn UFO's gezien. En velen hadden - op een of ander niveau - contacten met "vreemdelingen".

In verschillende landen van de wereld verschijnen spontaan de zogenaamde "graancirkels" - enorme pictogrammen van de meest uiteenlopende en mooie geometrische vormen. Iedereen kan ze zien, en niet alle gevallen blijken nep te zijn.
Door de hele menselijke geschiedenis heen zijn erspontane spontane ontbranding van mensen, en alle pogingen om dit fenomeen kunstmatig te reproduceren zijn mislukt. Herinneringen uit vorige levens, die bij veel

mensen voorkomen, kunnen wijzen op herhaling van het leven. Soms geven kinderen zulke details over mensen en gebeurtenissen in het verleden, of over verre plaatsen die ze onmogelijk hadden kunnen weten.

Deze lijst kan nog lang worden voortgezet. Er zijn veel boeken geschreven en er zijn veel foto's en video's gemaakt die deze zogenaamde "abnormale" verschijnselen documenteren. Maar in plaats van ze eerlijk te onderzoeken en onze kennis van dit verbazingwekkende universum uit te breiden, toont het establishment een volledige terughoudendheid om te luisteren naar alles wat hen grondig zou kunnen verstorengeorganiseerde geloofssystemen (hoewel de laatste duidelijk onvolmaakt zijn en steeds vaker wordt bewezen dat ze ongelijk hebben). Gelukkig komen er nu - zoals periodiek op elke planeet gebeurt - nieuwe, frisse energieën naar onze aarde, en mensen uit verschillende lagen van de bevolking beginnen sceptisch te worden over de oude verklaringen, zich realiserend in hun hart dat er veel meer in het leven is dan onze openbare instellingen.

Laten we dus herhalen wat er is gezegd: de kosmologische systemen van de orthodoxe wetenschap en de orthodoxe westerse religies spreken elkaar op vele manieren tegen en sluiten elkaar in wezen zelfs uit. Eén systeem is gebaseerd op de onjuiste overtuiging dat het fysieke gebied en de bijbehorende verschijnselen het enige zijn dat werkelijk bestaat. (En alles wat bestaat is toevallig gebeurd!) Een ander systeem, gebruikelijk in verschillende religies, beweert in wezen dat alles is gemaakt door een grillige en zeer wrede godheid zonder duidelijke reden (de kwaliteiten en verlangens die aan deze god worden toegeschreven, komen altijd vreemd genoeg overeen met de ideologie van de heersende kringen). De machten die er zijn hebben de neiging om in elk kamp met één been te staan, en het is erg belangrijk voor hen om alles te ontkennen, negeren en weerleggen wat wetenschap en religie niet kunnen verklaren.

Het is de aard van menselijke systemenovertuigingen, onze ideologieën, ons establishment - ze doen alsof ze alle antwoorden hebben om aanhangers aan te trekken en te behouden en daardoorbestendigen zijn bestaan door "orde te handhaven". En wijzelf, kleine persoonlijkheden, zijn nog erg onvolwassen, en we geloven graag dat we veel slimmer zijn dan we in werkelijkheid zijn. Te denken dat wij, of een andere persoon, of een menselijk geloofssysteem, alle antwoorden heeft, is geen teken van onwetendheid? Omgekeerd is het eerste teken van wijsheid het inzicht dat we nog veel te leren hebben. Maar aangezien we ons nog in een relatief vroeg stadium van de menselijke evolutie bevinden, komt het vaak voor dat 'de blinden de blinden leiden'. Wat blijft er over voor een normaal denkend persoon als ons culturele paradigma is ontworpen voor schizofrenen? (Eigenlijk is dit meer een Siamees tweelingparadigma, omdat veel mensen zich tegelijkertijd op hun gemak voelen bij beide geloofssystemen.)

Gezien het bovenstaande kunnen mensen in twee categorieën worden verdeeld: sommigen staan altijd klaar om nieuwe aspecten van de Waarheid waar te nemen die voortdurend aan de mensheid worden geopenbaard. Anderen houden vast aan 'goede oude' overtuigingen en verzetten zich tegen alles wat ze ondermijnt, zich niet realiserend dat deze overtuigingen historisch gezien relatief recent zijn. Ik zou de eerste groep "denkers" noemen en de tweede - "gelovigen". Er kan worden aangenomen dat agnosten en atheïsten die trots zijn op wat ze hebben"wetenschappelijke" of "sceptische" kijk op de werkelijkheid, vallen in de categorie van denkers, niet gelovigen. Maar het is niet altijd het geval. We worden voortdurend geconfronteerd met het feit dat het wetenschappelijke establishment net zo koppig zijn dogma's verdedigt en zich verzet tegen alles wat onorthodox is als elke fundamentalistische religie. En dat is het hele punt. Om je kennis van het leven uit te breiden, moet je natuurlijk op zijn minst de mogelijkheid bieden om je eigen wereldbeeld te herstructureren wanneer nieuwe waarheden (wetenschappelijk of religieus) worden ontdekt, en niet automatisch afwijzen wat voor ons onbegrijpelijk is.

Laten we beginnen met religie. Wanneer je de essentie van veel grote religieuze overtuigingen serieus bestudeert - diepgaand en zonder vooroordelen - wordt het duidelijk dat er veel meer gemeen is dan onenigheid. Meningsverschillen en discrepanties verschijnen nadat de geïnspireerde leraar weg is. Immers, als er een "God" is, is het dan mogelijk om je voor te stellen dat een Wezen dat die naam waardig is, de hele waarheid zal onthullenvoor altijd maar één keer - aan het uitverkoren volk op één plaats - en de rest negeren? Als er een God is, dan zijn we allemaal Zijn kinderen, en Hij houdt evenveel van ons. Als er een God is, dan schijnt Hij, net als de zon, op iedereen.

Daarom evalueert een wijs persoon voortdurend de "traditie", waarbij hij zijn inzicht en intuïtie gebruikt om het verschil te begrijpen tussen echte blijvende wijsheid die bijdraagt aan de spirituele evolutie van de mensheid, en wat in de loop van de tijd gewoon een ander zinloos dogma is geworden dat toekomstige verlichting niet helpt hoe dan ook. Dus misschien zijn de hele caleidoscoop van wereldbeelden op onze planeet, inclusief nieuwe onthullingen die continu binnenkomen, stukjes van een gigantische puzzel? Wat als je geen ondoordringbare muur om elk klein fragment bouwt en al het andere afwijst, zoals veel geloofssystemen doen. Wat dacht je van een blik vanaf de top van een berg? Zullen we dan niet zien dat elk fragment een bepaald aspect van de universele waarheid benadrukt?

Nu over de orthodoxe wetenschap. Als je niet in God gelooft, kun je dan geloven dat gewone menselijke wetenschappers alles kunnen weten? Velen geloven dat de huidige wetenschappelijke evolutietheorieën het leven op aarde al in detail hebben uitgelegd vanaf het allereerste begin tot de ongelooflijk complexe huidige staat. Maar zien veel wetenschappelijke waarheden, die pas een eeuw geleden zijn ontstaan, er tegenwoordig niet wat primitief en zelfs absurd uit? Realiseren we ons nu niet dat er tientallen jaren zullen verstrijken en dat veel van de wetenschappelijke waarheden van vandaag er net zo dom uit zullen zien? Houd er ook rekening mee dat wetenschappelijke theorieënbeginnen met axioma's en postulaten - dat wil zeggen beginposities die niet vanzelfsprekend zijn, maar zonder bewijs worden aanvaard. Neem elke materialistische theorie en volg de logische keten: uiteindelijk zul je een onbevestigde basis tegenkomen en alles zal eindigen met het ene wonder dat wordt geïnterpreteerd door andere wonderen.

Verrassend genoeg geloven veel wetenschappers dat de

wetenschap al vrij goed weet hoe het universum is gevormd en hoe het universum functioneert, en het blijft alleen om de details te verduidelijken. Maar dit is verre van waar! Deze overtuiging geeft echter aan dat de mensheid spoedig diepgaande nieuwe (voor ons) waarheden zal worden gegeven. Omdat dit is hoe het universum ons verlicht. Eerst wordt enige waarheid onthuld. Dan, wanneer het uiteindelijk geaccepteerd en "orthodox" wordt, wordt een andere waarheid onthuld, die de oude vervangt. Dit gebeurt eindeloos, en het leidt altijd tot de uitbreiding van het menselijk bewustzijn. We krijgen een idee, het wordt opgeslagen in de menselijke geest en wordt geleidelijk een universeel erkend ideaal, dat uiteindelijk uitkristalliseert tot een ideologie. Tegen die tijd nadert de tijd al voor de introductie van een breder idee in de mensheid. Dit proces herhaalt zich keer op keer en als resultaat wordt de mensheid geleidelijk meer en meer verlicht.

Laat niemand denken dat dit boek tegen de wetenschap is! Ik wil het vanaf het allereerste begin duidelijk maken: het zijn wetenschappers die in de nabije toekomst de aanwezigheid van dimensies van zijn buiten de fysieke wereld wetenschappelijk zullen bevestigen. Ten slotte geeft iedereen toe dat mensen inderdaad veel paranormale gaven hebben.vermogens die nu door de materialistische wetenschap worden ontkend. Het is uiterst belangrijk om te beseffen dat op hogere niveaus "Geestelijke Wetenschap" altijd heeft bestaan! Het is deze neerslag van beschikbare kennis in het menselijk bewustzijn gedurende lange perioden die altijd de voortdurende groei van menselijke intelligentie en wijsheid heeft ondersteund, wat op zijn beurt onze evolutie heeft aangewakkerd. Terwijl we doorgaan met het absorberen van de hogere waarheden, zullen we steeds verder weg gaan van het dierlijke stadium en zelfs nog sneller naar een hoger bewustzijn gaan - naar verlichting, voorspeld door de leraren van de mensheid.

Ik ben er volledig van overtuigd dat diepe waarheid kan worden gevonden in de kern van alle grote religies. En ongetwijfeld hebben wetenschappers al talloze ontdekkingen gedaan en zullen ze dat blijven doen. deze ontdekkingengeleid en zal leiden tot een aanzienlijke toename van de menselijke kennis. Door samen te werken, kunnen en moeten deze twee takken van menselijk onderzoek (wetenschap en religie) de belangrijkste bijdrage leveren aan de verlichting van de mensheid, en dat zullen ze zeker doen. De verlichting van de mensheid zal komen wanneer we ons potentieel van Intelligentie, Wijsheid en Liefde realiseren. Eeuwige wijsheid die zich uitbreidt door constante inzichten, zal leiden tot een nog beter begrip van universele waarheid en ons bevrijden van de last van onwetendheid.

Over de universele waarheid wil ik het in dit boek hebben. Dit is de waarheid die de absolute realiteit van ons universum weerspiegelt. De waarheid die alle serieuze onderzoekers proberen te ontdekken. Waarheid die vanzelfsprekende tekens waarheid belichaamt: consistentie, consistentie, consistentie. De waarheid, die, hoewel eeuwig, geopenbaard blijft naarmate het bewustzijn van de mensheid groeit. En het belangrijkste: dit is de Waarheid die resoneert met onze hoogste, diepste, heilige essentie - met ons Hart, met onze Ziel. Dit is haar belangrijkste kenmerk.

De reden voor het schrijven van dit boek was niets

minder dan een verlangen om te helpeneen broodnodig nieuw kosmologisch paradigma tot leven brengen!Dit nieuwe paradigma vindt nu overal op de planeet plaats. We hebben allemaal een keuze: we kunnen profiteren van deze nieuwe geweldige kans om ons Bewustzijn (Leven) uit te breiden en een belangrijk onderdeel van deze nieuwe energieën te worden. Of we kunnen in relatieve onwetendheid blijven leven, kiezen wat bij ons past vanuit de beperkte geloofssystemen van onze cultuur en anderen voor ons laten denken. En opnieuw vragen we: wat is de zin van het leven? Heeft het leven in het algemeen zin? En zo ja, wat moeten we ermee? Deze drie vragen zijn eigenlijk drie aspecten van de Unified Search.

Dat is waar we naar op zoek zijn. En als je deelneemt aan deze belangrijkste activiteit, zul je nooit op dezelfde manier naar de wereld kijken.Op de volgende pagina's heb ik geprobeerd enkele van de diepste en meest essentiële kennis die de mens ter beschikking staat, samen te brengen. Kennis verkregen van de beste leraren en van de beste leringen van vroeger en nu, bevestigd (en uitgebreid) door levenservaring. In één woord, dit is het soort kennis dat tot Wijsheid leidt. Het verwerven van een kwaliteit als Wijsheid, samen met Liefde, is het hoofddoel van de menselijke golf van leven waarin we ons nu bevinden. Dit boek zou een antwoord moeten vinden in je Ziel, in je Hart. Aangezien dit zo is, kan het de Hogere Geest niet tegenspreken, omdat de Ziel en de Hogere Geest verenigd zijn in de mens. Alles in dit boek dat niet resoneert in je Hart, in je Ziel, in je intuïtie, gooi het weg! Accepteer alleen wat resoneert met je Hogere en Beste Zelf.

Maar ik moet meteen zeggen: er is niet echt iets nieuws in dit boek. Begrippen die voor veel mensen onbekend lijkenheeft altijd bestaan in een lering die bekendstaat onder vele namen: Eeuwige Wijsheid, Oude Wijsheid, Esoterische Leer, enz. Toen de machthebbers deze kennis probeerden te onderdrukken, werd ze bewaard dankzij geheime genootschappen. Bovendien zijn veel van de elementen ervan te vinden in de geschriften van de wereld, vooral wanneer ze op zielsniveau worden gelezen! De goddelijke leraren van de mensheid hebben altijd benadrukt: hoe meereen persoon wordt verlicht, de diepere betekenis wordt hem onthuld in hun leringen. Daarom beginnen we, naarmate ons bewustzijn groeit, niet alleen de letterlijke betekenis van de Schriften te zien. Deze preken en verhalen kwamen overeen met het intellectuele niveau van de gemiddelde persoon die leefde op het moment dat ze werden opgeschreven. Maar er waren ook hogere waarheden in, wachtend tot mensen wakker zouden worden en hun betekenis zouden inzien.

Veel van waar we het over zullen hebben, is ook terug te vinden in de boeken van de grote denkers en filosofen aller tijden. En sommige ideeën, misschien in de vorm van inzichten, kwamen zelf bij je langs.En natuurlijk zou ik niet willen dat dit alles door iemand als een nieuw evangelie zou worden aanvaard. In geen geval! En zonder dat is er geen gebrek aan mensen die je proberen te overtuigen dat het geloofssysteem waarin ze toevallig geloofden de enige is, en dat je alleen daarin antwoorden op alle vragen kunt vinden. (En hoe meer ze hier onbewust aan twijfelen, hoe meer ze werken om anderen en zichzelf te overtuigen.) Het laatste dat je nodig hebt (en dat zul je niet in dit boek vinden) is meer richtlijnen over wat je moet geloven. Dit is slechts een presentatie van mijn begrip van de werkelijkheid - ongetwijfeld beperkt en onvolmaakt. In het algemeen raad ik iedereen aan die dat niveau van bewustzijnsontwikkeling heeft bereikt waarop mensen dergelijke boeken beginnen te lezen, elke tekst kritisch en onbevooroordeeld te benaderen. (Wij'

In dit boek vind je dus een alomvattend (zij het kort vermeld) "wereldbeeld" (bovendien het "beeld" van zowel de externe als de interne wereld), dat je kunt vergelijken met elk ander wereldbeeld, en vooral - met je eigen levenservaring.Zelfs als je op dit punt in je leven ervan overtuigd bent dat het leven geen doel heeft, blijf lezen. We zullen het hebben over het feit dat deze fase ook past in de grote zin van het leven. Wat als wij mensen niet alleen geloven wat ons wordt verteld, maar de werkelijkheid testen door onze eigen ervaring en observatie, soms conventionele wijsheid accepterend en soms op zoek naar betere verklaringen?

Wat als alle beweringen over de zin van het leven verkeerd zijn en we de antwoorden zelf moeten leren zien?Welke grote waarheden zullen we ontvangen van kleine waarheden, wanneer we - iets later in dit boek, de volgende kwesties zullen bespreken, heel verschillend en soms heel alledaags: als de cellen van ons lichaam heel vaak worden bijgewerkt, waarom is het dan al in middelbare leeftijd tekenen van veroudering beginnen te vertonen? Waarom worden we überhaupt oud? Waarom is de dood goed voor de mensheid, en waarom zouden we niet proberen de natuurlijke dood uit te bannen? (Laten we aannemen dat het binnen onze macht ligt.) Waarom herhalen mensen (en andere dieren) in de embryonale staat de eerdere stadia van dierlijke ontwikkeling?

Waarom hebben baby's al voor de geboorte rimpels (en vingerafdrukken) op hun handen?

Waarom komt genderambiguïteit soms voor bij mensen? (En waarom komt het nu vaker voor dan voorheen?)

Waarom wijden sommige mensen hun leven aan altruïstische dienstbaarheid, terwijl anderen hebzuchtige tirannen worden (sterk en toch kleinzielig)?

Waarom kan een normaal persoon gewoonlijk het verschil "valse" noot zien, zelfs zonder een muzikale opleiding, en waarom zijn er "valse" noten? Waarom is er een directe relatie tussen muziek, geluid, wiskunde en zelfs organische groei?

Waarom wordt er gezegd dat creatieve, inzichtelijke mensen "smaak" hebben? Waarom is sport nodig en waarom is het zo populair? Hoe komt het dat bijna overal onder het aardoppervlak schoon drinkwater is?

Waarom worden mineralen - metalen, mineralen, steenkool, olie, enz. - het vaakst aangetroffen in de vorm van "afzettingen" die over elkaar zijn verspreid?van een vriend over lange afstanden?

Als dit niet genoeg voor je is, wanhoop dan niet: misschien zullen we praten over vele andere zaken die je interesseren. En terwijl we ze bespreken, zal dit boek laten zien dat het universum niet alleen 'vriendelijk' voor ons is: het isonze echte vriend. Ja, ons Universum is een welwillend, geduldig, wijs in alles, liefdevol Wezen. Een wezen dat onze hoogste en beste gedachten ter harte neemt. Misschien lees ik je gedachten. Je denkt: hoe kun je zoiets zeggen! De geschiedenis herinnert zich zoveel bloedige gebeurtenissen! Ja "vriendelijk" universum!

Ja, we hebben allemaal pijn en verlies ervaren, sommigen minder, sommigen meer. Maar hoe pijnlijk de menselijke fase van onze lange reis ook mag zijn, als we het bredere beeld van kosmische evolutie zien, zullen we beseffen dat ons (relatieve en tijdelijke) lijden zijn oorzaken heeft, evenals onze vreugden. Dit alles is een noodzakelijk onderdeel van onze bewuste evolutie en de evolutie van ons barmhartige universum. Het is misschien moeilijk te geloven, maar we spelen allemaal een rol in "Goddelijk Plan", of in het "Grote Alomvattende Plan", zoals het ook wordt genoemd. De wereld die ons is gegeven is ongelooflijk mooi en verbazingwekkend.

En, belangrijker nog, we moeten erkennen dat de meeste van onze (menselijke) problemen onze eigen creatie zijn. Dit betekent dat de enige manier om hoger te stijgen en onszelf niet meer pijn te doen, is om het bewustzijn te verhogen. De groei van het bewustzijn is een en vaak de enige oplossing van alle problemen!

En nogmaals (voor de laatste keer): Wat is de zin van het leven? Heeft het leven in het algemeen zin? En zo ja, wat moeten we ermee? Ieder bewust persoon probeert dit te weten. Dit moet ieder mens weten! Weten: We moeten eerst begrijpen dat we altijd een deel zullen zijn, een groeiend deel van deze prachtige - ongelooflijke - absolute zegen genaamd Leven.

Leven is een steeds groter wordende staat waarin je altijd bent geweest en altijd zult zijn (in het fysieke lichaam of daarbuiten).

Leven ervaren als het Eeuwige Nu.

Leven staat toe en moedigt aan, eist zelfs dat we ons potentieel realiseren en ons lot vervullen. Onze bestemming omvat de constante groei van bewustzijn, zodat we niet minder dan mede-scheppers kunnen worden, samen met alle andere levende vormen binnen het grotere Leven!

Leven veel belangrijker en veel complexer dan we ons kunnen voorstellen. En, belangrijker nog, ons geweldige Leven zal de mensheid naar een prachtige toekomst leiden die voor ons openstaat en alleen wacht op onze evenwichtige beslissing en actie!

Leven dit is Alles: wat we zo vaak, zonder na te denken en niet te waarderen, voor lief nemen. We moeten begrijpen en ons bewust worden van het besef dat het kleine leven dat we ervaren een geschenk is, gekoppeld aan de plicht van absoluut leven, dat het hele bekende en onbekende universum omvat, alles wat bestaat, de kosmos. Sommigen noemen het God.

Bij het stellen van onze prioriteiten zijn we echter aanzienlijk afgeweken van het praten over nieuwe energieën die een impact hebben op onze planeet. Laten we teruggaan naar deze nieuwe.

Ongeveer elke twee millennia wordt er een nieuwe laag van leringen in het bewustzijn van de mensheid geïntroduceerd en geleidelijk worden de meeste mensen aanhangers van het nieuwe paradigma. Deze hogere waarheden komen van de hogere Rijken en van de hogere Wezens die het menselijk ras regeren. Hier is een van de belangrijkste concepten van het huidige nieuwe paradigma: we leven niet in een universum van materie en ruimte, maar in wezen in een universum van energieën. Onthoud: er bestaat niet zoiets als dichte "materie"!

Wat wij voor materie aannemen, is slechts het resultaat van de activiteit van energie op het laagste en grofste niveau. En hoewel de wetenschap deze belangrijke waarheid recentelijk heeft erkend, realiseren slechts een paar van de meest verlichte wetenschappers (en hun aantal groeit) dat energieën een kwaliteit hebben die bewustzijn zou kunnen worden genoemd. Laten we het anders zeggen: energie is het resultaat van de activiteit van het bewustzijn. Wat wij als materie waarnemen is in feite energie (bewustzijn) op het laagste niveau.

Wat is een niveau? Laten we hier meer in detail over praten, want deze kwestie is ook erg belangrijk. Iedereen weet dat we bestaan en ons op verschillende niveaus uitdrukken. We hebben een fysiek lichaam en we drukken ons fysiek uit; we hebben emoties en we drukken ons emotioneel uit; we hebben een geest en daarom zijn we in staat om rationeel te denken. Maar velen van ons begrijpen niet dat ons emotionele en mentale lichaam net zo echt is als het fysieke lichaam, en dat ze op hun niveaus (gebieden, sferen) bestaan op dezelfde manier als ons fysieke lichaam op het fysieke niveau bestaat. En hoewel ze gewoonlijk worden geassocieerd met ons fysieke lichaam in de waaktoestand, kunnen ze ook zonder bestaan. Het is duidelijk dat dit de sferen (lichamen) zijn waarin 'wij' wonen tijdens de slaap (en ook na de dood van het fysieke lichaam). Maar het overeenkomstige aspect van ons leeft in deze velden (sferen), zelfs als we wakker zijn. In de wakende staat gaan deze velden (sferen, lichamen) een beetje buiten de grenzen van ons fysieke lichaam en kunnen ze van buitenaf worden waargenomen als onze "aura".

Al onze energielichamen (zowel lager als hoger, spiritueel) vormen samen ons energieveld, ons ware "ik". Orthodox-minded wetenschappers proberen te bewijzen dat er alleen een fysiek gebied is en dat al onze verschillende emoties en gedachten worden geboren uit fysieke oorzaken. Ze zullen dit nooit bewijzen: chemische elementen kunnen, net als andere materie, niet denken en voelen zoals wij dat op menselijk niveau doen. Wat waar is, is dat deze fijnere energielichamen diep doordringen in onzehet "fysieke" lichaam wanneer we leven en wakker zijn.

Ons fysieke lichaam zelf is slechts een lagere en grovere vorm van energie. Om dit te zien, overweeg dan gevallen waarin mensen ernstig gewond zijn en "flauwvallen" (permanent of tijdelijk), zelfs als de hersenen niet fysiek beschadigd zijn. Omgekeerd zijn er gevallen waarin een persoon ernstig hersenletsel heeft of zelfs een aanzienlijk deel van de hersenen heeft verwijderd, maar het mentale vermogen is nietneemt af en hij behoudt nog steeds het denkvermogen. Geeft dit niet aan dat we een geest hebben die voor zijn bestaan niet afhankelijk is van de hersenen, maar die de hersenen gebruikt als een middel om in de fysieke wereld te functioneren?

Er valt in de toekomst nog veel te leren over zogenaamde "mentale retardatie". Ik denk niet dat in de meeste gevallen de persoonlijkheid of de geest achterlijk is; eerder, dit mentale lichaam komt niet genoeg overeen met het fysieke lichaam, misschien als gevolg van fysieke verwondingen. Of het kan zijn omdat het Hoger Zelf, of de Ziel, zijn eigen doelen nastreeft.Een mogelijke reden voor "mentale achterstand" zou kunnen zijn dat gedurende vele levens de geest te dominant is geworden en het liefdesaspect feitelijk heeft geblokkeerd. In dergelijke situaties kan het zijn:het is wenselijk om de geest (tot op zekere hoogte) een leven lang "opzij te zetten", zodat de energie van Liefde (Hart) vrij kan stromen en meer harmonie in een levend wezen kan brengen.

Het is vrij duidelijk dat de echte bedreigingen voor de mensheid komen van degenen wiens hart, of "lichaam van liefde", defect is! Niet van diedie tekortkomingen heeft in het mentale, emotionele of fysieke lichaam. We moeten begrijpen dat onze fysieke wereld en onze fysieke sensaties slechts een (relatief) lage en grove vorm van energie zijn, en in feite zijn ze als een vervormde schaduw van de hogere werelden. En, belangrijker nog, we moeten een hoger bewustzijn in onszelf ontwikkelen om deze hogere werelden te begrijpen. Alleen dan zal het veel gemakkelijker worden om andere gebieden van de werkelijkheid te begrijpen. Dit geldt in het bijzonder voor de spirituele gebieden of werelden. Ja, er zijn enorme, hogere (sommigen noemen ze spirituele) gebieden, of werelden (of sferen? dimensies? velden?) en de innerlijke wereld van het individu weerspiegelt ze vaag en op een veel lager niveau.

Laten we nu duidelijk zijn over wat we bedoelen met 'spirituele gebieden of werelden'.Afgezien van alle associaties die we kunnen hebben met het woord 'spiritueel', verwijst het in de eerste plaats naar specifieke bewustzijnsniveaus die gerelateerd zijn aan, maar transcenderen aan, de rijken van bewustzijn waarin we gewoonlijk leven. Met andere woorden, in welke dimensie (wereld) een bepaald wezen ook leeft (mineraal, plantaardig, dierlijk, menselijk, in de wereld van de ziel, enz.), vervullen wezens in hogere rijken in zekere zin een "spirituele" evolutionaire functie in relatie tot wezens die zich in de rijken van lagere niveaus bevinden. Dit betekent dat wij mensen als 'spiritueel' kunnen worden beschouwd in relatie tot de lagere rijken.

Daarom worden meerverlicht, zullen we een grotere verantwoordelijkheid voor hen gaan dragen. Op dezelfde manier zijn degenen die boven ons staan op de golf van het leven (we noemen ze beschermengelen of gidsgeesten, de spirituele hiërarchie, enz.) verantwoordelijk om ons te helpen in onze evolutie.Wanneer ons bewustzijn groeit, wanneer we wijze en liefdevolle wezens worden en worden ingewijd in het volgende hogere rijk (het rijk van pure Liefde-Wijsheid), zullen we het niet langer als een spirituele hemel zien, maar gewoon als onze gebruikelijke habitat. (We zullen hier later over praten.)

Laten we het vanuit een andere hoek bekijken: als een of ander groot Goddelijk Wezen (wiens normale habitat de spirituele wereld is) naar een lager niveau zou afdalen, dat voor ons echter nog steeds spiritueel blijft, dan zou het voor dit grote Wezen een tragedie zijn, downgraden, zo u wilt. Wereldgeschriften en mythen vertellen ons dat dit echt is gebeurd (hoewel zelden).Natuurlijk hebben we het hier niet over degenen die zichzelf opofferen door in het mensenrijk te incarneren om onze verdere verlichting te helpen. We benadrukken nogmaals: als we het hebben over 'spirituele niveaus', bedoelen we gewoon hogere bewustzijnsniveaus waarin we nog niet bewust leven en die we daarom niet volledig kunnen begrijpen. Natuurlijk lijken deze spirituele rijken allerminst op een naïef kinderbeeld waarin mooie mensen op wolken zitten en luisteren naar de muziek van harpen, en engelen die over hen waken fladderen.

Alle leraren en geïnspireerde geschriften vertellen ons dat dit hogere spectrum van leven wordt gezien als helderder en belangrijker dan de rijken die we nu bewonen. En hoewel we zullen ontdekken dat het leven in deze hogere rijken veel meer vreugde brengt, zal onze spirituele zoektocht daar doorgaan. Wanneer iemand het recht verdient om dit bestaansniveau te betreden (of ernaartoe te gaan) (en het zal ons uiteindelijk allemaal overkomen door onze inspanningen gedurende vele levens), is hij ervan overtuigd dat dit het niveau is van de allerbeste menselijke kwaliteiten - en veel meer. Het is de zetel van de abstracte geest – de hoogste overeenkomst van de onderscheidende geest – waar intuïtief begrip (zijn soms directe kennis genoemd).

Dit is het Koninkrijk waar wijze Liefde en liefdevolle Wijsheid oppermachtig heersen! Mededogen, altruïsme en pure rede vullen de atmosfeer. Dit is de "Hemel", waar iedereen verenigd is door een vurige, gerichte, doelgerichte Wil om het Goddelijke Plan te dienen. Dit zijn de drie hoofdaspecten, of de drie Goddelijke Energiestralen. Ruimte! Op die zeldzame momenten waarop we onze hoogste staat van vreugdevol liefdevol bewustzijn bereiken, wanneer we onze meest subtiele gedachten ervaren, raken we alleen de lagere weerspiegeling van dit ware thuis van ons spirituele Zelf aan (we zullen hier later over praten). Maar het moet worden opgemerkt dat die wezens die het fysieke niveau in hun ontwikkeling hebben overtroffen en wiens bewustzijn geconcentreerd is in deze, zoals we ze noemen, spirituele werelden, alles op een heel andere manier waarnemen, niet op dezelfde manier als wij. Dat is natuurlijk te verwachten, want hun perspectief is veel hoger en breder dan het onze.

Een ander belangrijk punt: alles wat jij, ik of iemand anders echt weet, zijn onze gedachten en gevoelens. Uiteindelijk is het onmogelijk om met absolute zekerheid te bewijzen dat er iets anders bestaat dan bewustzijn. U hoeft niet lang na te denken om hiervan overtuigd te zijn. Maar "mindgames" zijn niet de bedoeling van dit boek. Er zijn veel belangrijke redenen waarom wat wij als de buitenwereld zien, bestaat, en dit moet serieus worden genomen. Laten we teruggaan naar energie.

Naarmate we ons beginnen te realiseren dat "alles energie is", dat alle energie het potentieel heeft om goed of slecht te zijn (voor ons), en dat alles waarmee we in contact komen ons op de een of andere manier beïnvloedt, beginnen we de verschillen veel beter te zien tussen krachten. Elke plaats, elke persoon, boom, weer, geluid, lied, kleur - alles draagt tot op zekere hoogte bij aan de groei van ons bewustzijn, of vertraagt het.Dus, wanneer iemand begint te beseffen dat alles energie is, en de taal van energie leren is de belangrijkste stap in de spirituele evolutie van deze persoonlijkheid! We kunnen energie begrijpen als wat we waarnemen op het niveau van de fysieke zintuigen, maar de echt significante energieën zijn extreem subtiel en kunnen alleen worden gevoeld met de hulp van onze hogere (spirituele) energielichamen (en hun centra) die de juiste vibratie hebben. frequenties. Een kleine uitweiding.

Het bovenstaande verklaart waarom we, waar mogelijk, de "geschenken van de natuur" in hun natuurlijke staat moeten gebruiken - wanneer de energieën het best in balans zijn en elkaar aanvullen, wat resulteert in het meest gunstige effect. We moeten begrijpen dat het geheel geenszins de som der delen is! Het geheel, en het geheel alleen, bevat de hele innerlijke essentie van het leven. Dat is de reden waarom wanneer we een natuurlijk product uit elkaar halen en proberen de essentie ervan te isoleren, te concentreren en te verzamelen, vaak veel onherstelbaar verloren gaat. Dergelijke domheid heeft ons al veel schade berokkend: ziekten, drugsverslaving, andere verslavingen, enz. Of het nu gaat om "fysieke" of "subtiele" energieën, of we nu proberen om vitamines uit voedsel te isoleren of lichtenergie uit zonlicht, we moeten begrijpen:We moeten begrijpen dat zelfs de lagere vormen van energie niet zomaar blinde krachten zijn: ze hebben hun eigen trillingsritme en ze corresponderen met de hogere manifestaties van energie.

Het is bijvoorbeeld bekend dat de verhoudingen in ons zonnestelsel (de banen van de planeten, enz.) rechtstreeks verband houden met wat we waarnemen als muzikale harmonie, geometrische vormen, wiskundige verhoudingen, enzovoort. Het is dankzij de alomtegenwoordigheid van correcte verhoudingen en verhoudingen dat mensen onbewust sommige geluiden en vormen als mooi en andere als "lelijk" ervaren en uiteindelijk leren gebruiken juiste verhoudingen en verhoudingen in al hun zaken. Dit alleen zou genoeg moeten zijn om de grootste sceptici te laten zien dat het hele universum gebaseerd is op één idee, een plan. Laten we het verduidelijken: het Goddelijke Plan. Als we het over de schepping hebben, is het bekend dat in verschillende religieuze tradities alles begint met een woord of geluid. Het geluid initieert of begeleidt op zijn minst het begin van fysieke manifestatie. Het is juist. Geluid, hoorbaar of onhoorbaar, begeleidt de creatie (en vernietiging) van materie, net zoals licht (en een nog hoger energieselectromagnetisch bereik) een schepper is op het hoogste niveau. Wanneer deze vibratie die het universum begeleidt, volledige harmonie bereikt, zullen we een symfonie van sferen hebben, zal de kosmos tot volledige voltooiing komen en zullen we ons kunnen onderdompelen in stille vrede.

Samenvattend: Materie-Ruimte = Energie = Bewustzijn; het is allemaal hetzelfde, maar het wordt anders waargenomen op verschillende niveaus van verlichting. Bewustzijn is echter nog steeds primair; in feite is dit het universum. Alles is Bewust Leven! Ja, elk atoom, molecuul en cel, elke steen, elke plant, om nog maar te zwijgen van elke melkweg, ster of planeet - alles is begiftigd met zijn eigen inherente energie, zijn eigen vorm van bewustzijn. Bovendien symboliseert wat wij 'ruimte' noemen eigenlijk het hoogste niveau van Bewustzijn. Er wordt gezegd: "God woont in de gaten." Zo ja, welke betekenis heeft dit voor de wetenschap (of 'kunst') van astrologie?

Als we in een universum van materie zouden leven, dan zouden de principesastrologie zou moeilijk op enigerlei wijze betrouwbaar te herkennen zijn. Aan de andere kant, als het hele universum bestaat uit bewuste energieën (in feite uit grote Wezens) die een kosmische eenheid vormen, is dit natuurlijk vanzelfsprekend.op zichzelf bewijst nog niet de basisprincipes van astrologie, maar biedt in ieder geval een context waarin de energieën van wat we waarnemen als kosmische lichamen ons en onze planeet kunnen beïnvloeden. Als zwaartekracht, zonlicht en de ons bekende "zonnewind", kosmische straling en vele andere bekende en onbekende krachten onze planeet op lagere niveaus beïnvloeden (deze invloeden kunnen worden gemeten met behulp van bestaande, nog onvolmaakte, instrumenten), kan dat niet hebben stellaire of planetaire energieën ook een effect op ons op hogere niveaus dat nog niet meetbaar is door instrumenten? Onze jonge mensheid is nog niet eens begonnen met het bestuderen van de talloze energieën en krachten die onze kosmos vormen. Er zijn andere niveaus en bereiken van zijn die we ons nog niet eens kunnen voorstellen.

Laten we eens kijken waar deze redenering ons naartoe leidt. Als (zoals de Leringen van Wijsheid stellen) het Universum de oneindige uitgestrektheid van het Leven is, de Kosmische Geest die alle niveaus van bewustzijn omvat en zich uitstrekt van de "droomloze slaap" van steen tot de onbegrijpelijke, grootse vurige geest van de grote "Heer" van de melkweg - en daarbuiten Dus, wat is bewustzijn precies? Natuurlijk is dit iets veel meer en heel anders dan alles wat wij mensen tegenwoordig kunnen begrijpen met onze zeer beperkte geest. De onmogelijkheid om de kwaliteiten van dat bewustzijn te bepalen dat door hogere, lagere of parallelle rijken wordt bezeten, is duidelijk: hiervoorwe moeten een vergelijkbaar bewustzijnsniveau hebben. Aangezien de mensheid slechts een klein deel inneemt in een zeer groot bereik van Bewustzijns-Leven, is het niet nodig om erover te praten.

Bij de eerste poging om een definitie van bewustzijn te geven, zullen we onmiddellijk de ernstige beperkingen van onze Europese talen tegenkomen - talen voornamelijk van handel en technologie, bijna vreemd aan de Geest. De betekenis die aan ons woord 'bewustzijn' wordt gehecht, wordt teruggebracht tot het rijk van rede en gevoel, omdat het hier is dat de mensheid polariseert, en daarom kan het woord zelf niets betekenen dat verder gaat dan deze functies. Maar taal vormt (en beperkt) onze concepten!

Daarnaast zijn mensen die zich bezighouden met natuurkunde meestal gefocust op hun concrete (lagere) geest en nemen alles op dit niveau waar. Ze zijn niet in staat om duidelijk te zien op de hogere, abstracte niveaus van het menselijk bewustzijn, en daarom is het moeilijk voor hen om deze subtielere werelden te begrijpen.(Hier zijn redenen voor, en we zullen er later over praten.) Zodra ons bewustzijn zich uitbreidt en stijgt tot een zodanig niveau dat het al de sfeer van liefdewijsheid vangt (een zeer belangrijke sfeer!), beginnen we te begrijpen wat een enorm potentieel we hebben en welke enorme hogere geschenken ons te wachten staan.

We begrijpen dit misschien niet meteen, maar wanneer we ons met een gevoel van verantwoordelijkheid en goede wil tot het leven beginnen te verhouden, betreden we het Pad (die we zelf creëren) - het hoogste spirituele pad waar iedereen het over heeftgeloof. Een verantwoordelijkheid. Goede wil. aandacht. Dankzij hen wordt gedurende vele levens geleidelijk wijsheid verworven. Met inspanning en na verloop van tijd wijs en zuiver genoeg worden, stoppen we uiteindelijk met zelfprezende dieren te zijn en beginnen we onze innerlijke goddelijkheid te ervaren en te leven. Op deze manier verwerven we zowel het verlangen als het vermogen om echte dienaren van de planeet te worden.

Bij deze meest belangrijke stap beginnen we onze voorbestemde rol in het mensenrijk te vervullen, dat wil zeggen, we worden bewuste mede-scheppers! En samen met andere wezens uit alle koninkrijken, met spirituele ondersteuning, beginnen we te werken aan het proces van de uitvoering van het Goddelijke Plan.We weten hoe dit door de geschiedenis heen is gebeurd door de biografieën van buitengewone persoonlijkheden - die kunstenaars, filosofen, spirituele leraren en wetenschappers die hebben geholpen en helpen onze ware beschaving te ontwikkelen. Deze hoogontwikkelde wezens worden vaak lichten of fakkels genoemd, omdat ze een innerlijk licht hebben dat een hoge mate van wijsheid en pure intelligentie weerspiegelt, onbereikbaar voor de meeste mensen. Maar je moet weten dat het in deze richting is dat het grootste deel van de mensheid zich nu geleidelijk aan haast, en dit proces zal in het komende tijdperk doorgaan. Het is interessant om op te merken dat veel van deze mensen waarschijnlijk niet eens wisten dat ze de planetaire evolutie hielpen.

We denken misschien dat bewustzijn de opeenhoping is van wat we via onze zintuigen hebben geabsorbeerd en met onze geest hebben verwerkt. Maar ik herhaal: de hoogste verlichting komt tot ons via onze hogere centra, energiecentra, die in sommige tradities chakra's worden genoemd (we zullen hier later over praten), en niet via onze fysieke zintuigen. Aangezien onze planeet is omgeven en doordrongen van talloze energieën die afkomstig zijn van kosmische en zonnebronnen, evenals van de gedachtevormen van onze planetaire levens op alle niveaus, zal de analogie met het afstemmen van een radio-ontvanger passend zijn: we kiezen welke van deze golven we willen "vangst". Maar we stralen ook onszelf uit! Daarom is het zo belangrijk om zorg te dragen voor onze gedachten. De geest is tenslotte de 'bouwer' op mentaal niveau, en we moeten voorzichtig zijn met wat we bouwen. En daarom kunnen oprecht, onbaatzuchtig gebed en meditatie ons afstemmen op hogere vibraties (ritmes), waardoor we worden geholpen om 'het Licht te absorberen'.

Laten we de analogie met licht eens nader bekijken, zoals toegepast op het niveau van spirituele groei. Licht in de letterlijke en figuurlijke zin van het woord begint met maximale vrijheid. Door in contact te komen met materie (materie impregneren, zo je wilt), verliest hij wat vrijheid, maar verhoogt tegelijkertijd het 'bewustzijn' van de materie. De penetratie van de Geest in de materie creëert bewustzijn. Dan, na verloop van tijd, scheiden deze spirituele energieën dat deel van de materie dat het Licht heeft ontvangen, waardoor het kan opstijgen, of zijn groei voortzetten, in het koninkrijk waar het was - mineraal, plantaardig, dierlijk, menselijk of anders. Het resterende onverlichte deel moet wachten op de volgende golf, en dit proces gaat door totdat uiteindelijk alles "bevrijd" is of "perfectie" bereikt.

Dit is de ware evolutie, de evolutie van bewustzijn.

Bevrijding van materie! Moderne wetenschappelijke theorieën beweren dat het universum "vertraagt" (de tweede wet van de thermodynamica), maar in feite is het precies het tegenovergestelde: het lagere bewustzijn (wat we waarnemen als materie) stijgt naar het hogere (spirituele) bewustzijn. "Materie" verandert in energie - spirituele energie. Het echte Universum komt steeds meer tot leven. En wij maken er allemaal deel van uit! We kunnen ook denken dat 'materie' alleen op het fysieke gebied bestaat, maar de rijken van bewustzijn hebben ook hun eigen grovere of lagere niveaus. Dus iets analoog aan het hierboven beschreven proces vindt plaats in alle dimensies als het verlichtingswerk "One Life" de traagheid van deze lagere, grovere energieën overwint.

Een ander belangrijk geheim: een kenmerkend kenmerk van alle energie in Ons Bewuste Universum is het verlangen naar balans en harmonie. Dit is een van de wegen van de Kosmos naar de uiteindelijke perfectie. En op het fysieke vlak wordt dit uitgevoerd dankzij de bekende wet van actie en reactie. We moeten begrijpen dat het, net als alle fysieke wetten, hogere overeenkomsten heeft op hogere gebieden. In het mensenrijk worden evenwicht en harmonie uiteindelijk bereikt door gerechtigheid. Dit betekent dat niets "zonder een spoor overgaat" - door onze acties vermenigvuldigen we ofwel wat ons wordt gegeven, of nemen we deze geschenken weg. Uiteindelijk komt alles in balans.Inderdaad, "wat we zaaien, zullen we oogsten!"

Op de niveaus die door onze persoonlijkheden worden ingenomen (fysiek, emotioneel, mentaal), wordt de manifestatie van deze wet in de tijd karma genoemd.

We verdienen en zullen ook blijven verdienen "positief" of "negatief karma", afhankelijk van onze acties. Het is belangrijk om te begrijpen dat karma niet bestaat om ons te straffen, maar om ons te leren. En wanneer we een niveau bereiken waarop we onze geest, liefde en wijsheid gebruiken om geen verkeerde acties (redenen) uit te lokken, zullen we niet meer moeten lijden onder de tegenacties (gevolgen) van de krachten die we in beweging zetten. Laten we onszelf nu de vraag stellen: kunnen we zelfs proberen het oneindige, deze hogere rijken, de Geest van God te begrijpen? Dat kunnen we natuurlijk niet!

Maar we kunnen enkele details van de Goddelijke aspecten en attributen op ons lagere bestaansniveau onderscheiden. Dit brengt ons terug bij de bron van Alles: Kosmisch Leven, waar alles "leeft en beweegt en zijn bestaan heeft" (zie Handelingen 17:28). Hoe kunnen wij, die alleen in het menselijke stadium van het Goddelijke pad zijn, het Onkenbare kennen? Wat kunnen we weten over de absolute Godheid van alle religies, over?het Universele Principe en de 'Natuurwetten', zoals wetenschappers het noemen, over dit Levende, Alwijze, Alminnende, Oneindige Universum waarin wij en al het andere zo'n belangrijke rol te spelen hebben? In de eerste plaats: proberend iets te weten te komen over universele (dat wil zeggen universele) energieën, komen we steeds weer in botsing met de getallen "drie" en "zeven", met drie-eenheid en zevenvoud. Hier zijn enkele voorbeelden van de zeven in het universum:

De zeven kleuren van de regenboog.

Zeven noten.

Zeven soorten kristalstructuren.

"Zeven gaten" in het menselijk hoofd.

Zeven belangrijkste energiecentra-chakra's.

Zeven leeftijdsperioden van het leven (we zullen hier later over praten).

Zeven wereldwonderen.

Zeven dagen van schepping en zeven dagen in een week. Zelfs de zeven hoofdzonden.

En deze lijst kan maar doorgaan. Wat betreft de drie-eenheid: vanuit wetenschappelijk oogpunt bestaat elke energie, alles wat zich manifesteert uit polariteit en de kracht die door deze polariteit wordt gegenereerd. De positieve en negatieve polen en de kracht die daardoor wordt gegenereerd, zijn altijd tripliciteit, beginnend bij het atoom en tot aan de kosmos als geheel. Een andere eigenschap die elke uitdrukking van Leven heeft, is dat in alles, inclusief het hele Universum, activiteit en schijnbare rust elkaar afwisselen. In de Leringen van Wijsheid wordt dit respectievelijk manifestatie (manifestatie) en pralaya genoemd. In de nabije toekomst zullen wetenschappers veel meer leren over de universaliteit van dit fenomeen.

In religieuze leringen over de hele wereld zijn de nummers drie en zeven heel gewoon.Overal wordt gezegd dat de Absolute Eenheid, of God, zich in drie aspecten manifesteert. In ons eigen mensenrijk kunnen we deze drie aspecten begrijpen als:

1. Goddelijke wil;

2. Hemelse liefde;

3. Goddelijke geest.

Alle religies zijn gebaseerd op deze Drie-eenheid en vergoddelijken het in de vorm van verpersoonlijkte Godheden. In het patriarchale christendom zijn dit de Vader, de Zoon en de Heilige Geest, in het orthodoxe hindoeïsme - Shiva, Vishnu en Brahma, in andere religies - de goddelijke Vader, Moeder en Kind, enz. Ze zijn verbonden met de eerste drie Kosmische Stralen. Op de hogere niveaus worden vier extra kwaliteiten (of Stralen) toegeschreven aan de Derde Straal, de Goddelijke Geest. Samen vormen ze zeven. Laten we extra Stralen een naam geven:

Straal 4: Harmonie-Schoonheid door inspanning of strijd;

Straal 5: Concrete Kennis;

Straal 6: Idealisme en toewijding;

Straal 7: Organisatie en creatief ritueel of ritme. Met andere woorden, hoger, spiritueel bewustzijn:

7) perfect georganiseerd,

6) vertegenwoordigt een ideaal in elke situatie

5) heeft alles kennis

4) creëert perfecte schoonheid en harmonie,

3) zich diep intelligent en actief uitdrukt,

2) wijs, welwillend, vol liefde,

1) heeft de wil en de macht om ervoor te zorgen dat alles mogelijk was.

Deze tekens komen overeen met de zeven goddelijke stralen. De zeven stralen kunnen worden onderverdeeld in drie stralen van aspect en vier stralen van attributen. Deze zeven bewuste energieën, die het hele Universum doordringen en onder andere de kwaliteiten van onze persoonlijkheden bepalen, komen voort uit één onveranderlijk, onkenbaar Principe - laten we het zo noemen bij gebrek aan een beter woord. Veel religies van de wereld noemen hem God.

Verderop in dit boek zullen we blijven spreken over de drie belangrijkste kosmische energiestralen, evenals over nog eens vier, die samen het spirituele zevenvoud vormen. Herinner je je de "zeven geesten voor de troon" (zie Openb. 4:5)? Drie en zeven - deze getallen worden keer op keer gevonden in zowel religieuze als seculiere leringen. Het is heel belangrijk om te weten dat al het leven in het universum - van steen tot het zonnestelsel - ontstaat onder invloed van deze zeven krachtigste Stralen van kosmische energie, die in een of andere combinatie werken.

Met andere woorden, in ons Bewuste Universum zijn de Zeven Stralen de drijvende kracht achter evolutie. Ze geven de nodige impuls voor al het leven om zich verder te ontwikkelen, naar de volgende stap. Er zijn geen goede of slechte stralen. Elke energie kan worden misbruikt! Het resultaat hangt van veel factoren af. Als we het hebben over hoe dit zich in een persoon manifesteert, dan is de belangrijkste factor het bereikte niveau van spiritueel bewustzijn. Bijvoorbeeld: De persoon van de "Eerste Straal", degene die de Straal van Wil en Kracht demonstreert, is vol van de energie van deze kwaliteiten. Aan de ene pool kan het een tiran zijn die domineert door kracht, controle, wreedheid en waardeert alleen macht over anderen. Bij een hogere wending van de evolutionaire spiraal gebruiken de mensen van de Eerste Straal, die van nature leiders zijn, hun wil om de mensheid te helpen en vooruit te helpen.

De "Tweede Straal" persoon demonstreert de kwaliteiten van Liefde-Wijsheid en kan ofwel een zwak, angstig of onschuldig sentimenteel persoon zijn, of iemand die medeleven, altruïsme, moed en wijs inzicht toont in het helpen van de mensheid. Dit zijn de kwaliteiten van het Hart. Een persoon die is geladen met de energieën van de "Derde Straal" van Rede en Activiteit kan energie verspreiden over zinloze daden of proberen anderen te manipuleren voor zijn eigen voordeel. Maar als hij tot op zekere hoogte een verlicht persoon is, dan gebruikt hij zijn mentale vermogens om energie zo goed mogelijk te coördineren om het niveau van de menselijke beschaving te verhogen. Deze balk wordt geassocieerd met "Law of Economy" (die zich manifesteert als efficiëntie).

De mensen van de "Vierde Straal", de Straal van Harmonie door Schoonheid (of Conflict), zijn niet saai, ze houden van ruzie en kunnen zelfs ruzie maken. Ze nemen graag risico's, ze raken snel verveeld met beveiliging. Maar het zijn creatieve mensen, vaak dramatisch en flamboyant, die ongelooflijke schoonheid kunnen creëren in vorm, muziek, literatuur, drama, enz. (Het is niet ongebruikelijk dat acteurs en andere creatieve mensen een twistziek karakter hebben.)

Maar de man van de "Vijfde Straal", integendeel, kan soms saai lijken. Omdat het de Straal van Concrete Kennis of Wetenschap is. In het ergste geval kan zo'n persoon verzanden in onbeduidende kleinigheden. Maar deze Straal (zoals de vierde) is de Straal van het mensenrijk. Hij is het die ons ertoe brengt denkende wezens te worden. Deze Straal leidt de mensheid naar technologie en informatie (en weg van de focus op emoties en verlangens). Nu is een dergelijke invloed zeer noodzakelijk.

De man van de "Zesde Straal" kan ons naar de afgrond van de bekrompenen leidenfanatisme - of, als dit een verlicht persoon is, tot de hoogten van de grootste idealen. Dit is tenslotte de Straal van Idealisme en Toewijding. Het heeft de afgelopen eeuwen een sterke invloed gehad op de mensheid.

En tenslotte is de Zevende Straal de Straal van Organisatie en Ritueel. Hij begint nu onze hele planeet te beïnvloeden en heeft ons al (onder andere) het type bureaucraat gegeven dat niets anders ziet dan zijn regels en voorschriften.Maar dankzij diezelfde Straal ontstaan er zowel grote als kleine groepen en organisaties die mensen de kans geven hun potentieel te realiseren. En, wat heel belangrijk is, de energie van de Zevende Straal zal de mensheid in staat stellen de ritmes en rituelen van het Leven te kennen en te gebruiken!

We hebben allemaal mensen ontmoet die aan de bovenstaande beschrijvingen voldoen. Maar meestal demonstreren mensen de kwaliteiten van meer dan één straal. Het feit is dat ons fysieke lichaam, en de emotionele (astrale) en mentale lichamen, en het lagere 'ik' (persoonlijkheid), en de ziel zelf hun eigen straal hebben. Hun combinatie bepaalt wat we in incarnatie zullen zijn.En het is erg belangrijk om hun subtiele essentie te benadrukken vanuit onze bovengenoemde aspecten! Aan het einde van de negentiende eeuw begon de kennis van de Zeven Stralen aan de menselijke geest te worden geopenbaard. Misschien is dit het belangrijkste en belangrijkste sacrament van degenen die zich vandaag buiten manifesteren.

Er is nu veel informatie beschikbaar over de Zeven Stralen, en het zal zeer nuttig zijn om er vertrouwd mee te raken.Als je, door de goddelijke energieën te begrijpen en je te verdiepen in nieuwe openbaringen die nu beschikbaar zijn voor het menselijk bewustzijn, schok en angst ervaart, denk dan aan de "heldere" (of verlichte) kant van de medaille. Denk aan de glorieuze toekomst die de mensheid in petto heeft als we deze kans niet missen om ons bewustzijn te verhogen en verder uit te breiden. Natuurlijk zullen sommigen er de voorkeur aan geven "gehecht" te blijven aan hun oude ideologieën en geloofssystemen en zullen geen voordeel halen uit nieuwe energieën en nieuwe kansen voor verandering en groei. Maar laten we er eens over nadenken: willen we "holbewoners" blijven? Ook zij waren waarschijnlijk tevreden met hun primitieve overtuigingen. Dus, hier zijn de belangrijkste punten die ik in het eerste gedeelte wilde behandelen:

Het Universum (Kosmos) als geheel is een bewuste energie. Het Universum (Kosmos) als geheel is Eenheid. Deze Eenheid manifesteert zich in het Universum als zeven Kosmische Stralen van energie. Het Universum (Kosmos) streeft naar evenwicht en harmonie, wat zich in het mensenrijk manifesteert als gerechtigheid. Al het leven vervangt eindeloos elkaars toestanden van activiteit en uiterlijke vrede. Op deze en andere onderwerpen gaan we later in het boek dieper in. Maar eerst moeten we iets voor onszelf ophelderen, zonder welke onze opwaartse vooruitgang onmogelijk is.

Het Universum Als Onze Leraar

Ergens in het lab rent een schattige witte muis behendig door het doolhof. Dit kleine knaagdier kent zijn weg en weet wat hem aan het einde te wachten staat - hij is er al meer dan eens geweest. Vol vertrouwen en zonder problemen komt hij waar hij wil. Bijna zonder te stoppen gaat hij op zijn achterpoten staan, drukt met zijn kleine neus op een klein knopje en kijkt geamuseerd toe hoe graankorrels ergens van bovenaf vallen. Als we muisgedachten zouden kunnen lezen, dan zouden we misschien nu weten hoe trots dit dier is dat hij heeft geleerd om lekker, bevredigend voedsel te krijgen. Tegelijkertijd heeft hij geen idee van mensen (zij zijn buiten zijn gezichtsveld) die nu naar hem kijken en die dit experiment bedacht en geënsceneerd hebben.

Laten we eens nadenken: zijn wij mensen zo anders dan deze muis? We leven ons leven, "ontdekken" onze ontdekkingen, "vinden" onze eigen ontdekkingen uituitvindingen (en krijgen ons eigen voedsel). Nemen we geen eer voor onze resultaten? Tegelijkertijd kennen we de waarheid niet dat er veel wijzere en meer ontwikkelde wezens zijn die ons vanuit andere dimensies bekijken. Hogere wezens die met ideeën komen die onze vooruitgang bevorderen en met nieuwe leersituaties komen die ons - individueel en collectief - naar de volgende fase van onze evolutie zullen brengen. Veel uitvinders en onderzoekers geven toe dat ze zijn geholpen door "flitsen" van intuïtie, dromen of inzichten. Ook is bekend dat er veel uitvindingen en ontdekkingen tegelijkertijd zijn gedaan in verschillende delen van de aarde door mensen die (bewust) niet met elkaar in contact kwamen.

We zijn bij ons tweede hoofdthema gekomen: het universum dat wij mensen waarnemen met onze geest en vijf fysieke zintuigen is niets anders dan een perfect georganiseerde leeromgeving.Ja, wat voor ons lijkt op een eindeloze uitgestrektheid van de ruimte met incidentele insluitingen van kosmische materie ("macrokosmos"), evenals onze eigen fysieke lichamen ("microkosmos"), is in feite een leraar. De leraar is zo perfect, wijs en liefdevol dat, door welk rijk van de natuur ook een "eenheid van bewustzijn" evolueert (mineraal, plantaardig, dierlijk, mens of ander) en op welk niveau van ontwikkeling deze eenheid ook is, de omgeving zal zeker worden gebruikt door zijn Hoger Zelf om dit individu naar het volgende niveau van verlichting te tillen. Elke gebeurtenis, elke ervaring die we in het leven hebben, geeft ons de kans om iets te leren. Heel vaak wordt de ervaring keer op keer herhaald totdat we er uiteindelijk van leren.

En nogmaals, laten we het hebben over de noodzaak om bewustzijn te ontwikkelen. Het theater van het leven is niet alleen een gebeurtenis ("spel"), maar ook een toneel met decor, dat ook nodig is om het spel te laten plaatsvinden. Het leven van het mineralen-, planten- en dierenrijk leert ons net zoveel als de hemel. Maar het allerbelangrijkste is, zoals reeds vermeld, de kwaliteit van discriminatie gedurende het hele leven te ontwikkelen. Discriminatie draagt bij aan de perceptie (en uiteindelijk de creatie) van de juiste verhoudingen en verhoudingen in alle dingen. Op het fysieke vlak geven proporties en juiste relaties wat we waarnemen als ware schoonheid, en schoonheid is een van de laagste manifestaties van

Kosmische Liefde. Neem bijvoorbeeld kunst (elke): ware kunst ontstaat doordat de kunstenaar discrimineert bij het kiezen en combineren van de juiste verhoudingen en verhoudingen, waarvan het resultaat schoonheid is. En schoonheid is slechts een van de manieren waarop het universum ons het belang van deze kwaliteiten leert: onderscheid, proportie, consistentie.

Echte kunst in al zijn vormen, van architectuur tot weven, is de laagste vorm van kosmische Liefde die door de mens is gecreëerd (op het fysieke vlak). Daarom zijn onze creaties de hoogste manifestatie van een puur fysieke vorm. We hebben allemaal gehoord dat de beeldhouwer, wanneer hij met een steen werkt, alles afsnijdt wat niet nodig is om de schoonheid die erin zit vrij te laten komen. Misschien geldt dit voor alle uitingen van liefde: het is overal, alleen moet het worden losgelaten? Misschien is het hetzelfde in de muziek: de componist gebruikt niet alle mogelijke geluiden tegelijk, maar kiest uit hun verscheidenheid alleen maar mooie en,Waar het op neer komt is dit: we moeten de gecodeerde spirituele liefde loslaten en toestaan dat deze onze eigen rudimentaire liefde versterkt. We moeten onthouden: wat we waarnemen als "goedheid, waarheid en schoonheid" in onze lagere wereld is niets anders dan de lagere weerspiegeling van Rede, Wijsheid en Liefde in de spirituele wereld!

En natuurlijk, als we in onszelf het vermogen ontwikkelen om onderscheid te maken tussen de juiste verhoudingen en verhoudingen, moeten we leren alles weg te gooien wat niet bijdraagt aan 'goedheid, waarheid en schoonheid'.We zien het proces plaatsvinden: in de lagere rijken (inclusief ons eigen lichaam) wordt wat nuttig is geabsorbeerd en de rest wordt afgewezen. En wat "niet nuttig" is in de hogere rijken, kan heel goed zijn voor de lagere (een soort gesloten voedselketen). Dit is hoe wat we noemen "de genade van de natuur" zich ontwikkelt. Op een hoger astraal gebied (emoties en verlangens), is een van de manieren om Liefde te manifesteren de kunst van correcte menselijke relaties. Op het mentale niveau is een van de manieren om Liefde te manifesteren de kunst van hogere wiskunde.

Laten we het nog eens herhalen: elke echte kunst, ongeacht tot welke sfeer ze behoort, is een lagere weerspiegeling, of lagere overeenstemming, van de hogere spirituele realiteit van pure Kosmische Liefde. Het vraagt om een onderscheid dat leidt tot proportionaliteit en juiste proporties.Dus, wanneer we ons als leraar bewust worden van het Universum, is een van de eerste en belangrijkste inzichten die ons worden voorgesteld, overeenkomsten of overeenkomsten van relaties.

Hier zijn enkele voorbeelden van overeenkomsten: ontwaken en slapen komen overeen met leven en dood; seizoenen - met perioden van leven; het leven van een individu is vergelijkbaar met de evolutie van de mensheid als geheel. (We zullen hier binnenkort meer over vertellen.) In feite heeft alles wat we in ons fysieke bestaan waarnemen als "goed, waar en mooi" een hogere overeenkomst - een of andere belangrijke spirituele realiteit!Dit is niets anders dan een universele wet - de Wet van Correspondentie: "Zo boven, zo beneden." Aangezien er overeenkomsten zijn binnen alle bewustzijnsniveaus waarop we zijn, en tussen hen, is het precies "boven" dat de Werkelijkheid is, en "beneden" (de fysieke wereld waarmee we ons identificeren) is een virtuele realiteit, meer als een schaduw!

We zullen in dit boek doorgaan met het geven van voorbeelden van overeenkomsten die aangeven dat het leven een medium is van eindeloze potentiële lessen. Nu we het hebben over het feit dat het universum onze leraar is, laten we nog een grote hulp aan de mensheid niet vergeten: over die grote verlichte wezens die uit eigen vrije wil een enorm offer brengen om de evolutie op onze planeet en in het bijzonder in onze mensenrijk. Maar voordat we meer over deze grote zielen gaan praten, laten we eerst benadrukken dat er uiteindelijk maar twee filosofische benaderingen zijn van het probleem van de absolute realiteit.

a) De materialistische school stelt dat het universum geen duidelijk doel heeft. Alles wat bestaat, inclusief menselijk denken en voelen, is gemaakt van fysieke materie-energie - of is een gevolg van zijn werk. EN, voor zover we op dit moment weten, is de aardse mensheid de hoogste vorm van intelligentie in het universum.

b) Volgens de spirituele benadering heeft het universum een doel. Naast de fysieke dimensie van de werkelijkheid zijn er nog andere. Deze werelden worden bewoond door Wezens (of Levens) met andere bewustzijnsniveaus die de mensheid kunnen (en zullen) beïnvloeden.

Er is een wijdverbreid geloof onder spiritisten dat tenminste enkele van deze Wezens (die in hogere dimensies of hogere niveaus leven) veel wijzer zijn en veel grotere capaciteiten hebben dan mensen. Velen geloven ook dat ten minste een paar van deze Wezens zich vrijwillig hebben verenigd in een groep (zoiets als een spirituele planetaire ashram). En deze Goddelijke Wezens hebben het op zich genomen om morele hulp aan de mensheid te bieden, waarbij ze onze vrije wil niet in de weg staan, maar beweging faciliteren in de richting die consistent is met het Goddelijke doel van het Universum. In verschillende religieuze tradities van de wereld worden leden van deze groep anders genoemd: heiligen, engelen, leraren, enz. Omdat ze onze concepten van geslacht en vorm te boven gaan, zullen we deze verlichte ouderlingen eenvoudigweg spirituele gidsen of de spirituele hiërarchie van de planeet noemen. (En een van de doelen van dit boek is om, zij het een beetje, maar om anderen te inspireren om te helpen, deze Goddelijke Wezens in hun pogingen om de mensheid te leiden naar de realisatie van haar kosmische bestemming.)Het is ook heel belangrijk om te beseffen dat we Goddelijke leiding niet alleen van andere Wezens ontvangen; we hebben ook, en hebben dat altijd gehad, onze eigen Innerlijke Gids, ons Hoger Zelf, die ons wil helpen onze kansen optimaal te benutten.

In verschillende tradities en geloofssystemen zijn er verschillende namen voor dit aspect van ons grote 'ik': superbewustzijn, transpersoonlijk 'ik', ziel, zonne-engel, beschermengel, enz. In dit boek zullen ze als synoniemen worden gebruikt. Maar het moet worden benadrukt dat wij mensen een individuele ziel hebben, terwijl de subgroepen van de lagere rijken (dieren, planten, mineralen) een ziel hebben"groep". (Kijk naar het gedrag van zwermen vogels, scholen vissen, zwermen insecten, enz., en je zult er veel van begrijpen.)

Maar terug naar de mensen. Zodra we beginnen te begrijpen dat we onze eigen persoonlijke hogere leiding hebben, om in harmonie met dit grote Wezen te leven en instructies van hem te ontvangen (in feite is het hele universum dat we waarnemen de fysieke uitdrukking van het Grote Wezen), enorme veranderingen in ons beginnen. We beginnen gebeurtenissen en objecten waar te nemen vanuit het oogpunt van hun interne energie, en niet hun externe manifestatie, en we proberen te begrijpen welke lessen we uit dit alles moeten leren. Natuurlijk kunnen niet alleen voor de hand liggende "boodschappen" uit het universum, maar ook de meest subtiele ons veel leren. Onze Ziel creëert bijvoorbeeld vaak situaties in ruimte en tijd die we als toevalligheden waarnemen, maar in feite zijn ze gepland. Daar moeten we altijd gevoelig voor zijngebeurtenissen (wetenschappelijk synchronistisch genoemd)! Dit is een van de meest voorkomende manieren om ons te begeleiden en te helpen in het leven. Er is veel geschreven over synchroniciteiten. U herinnert zich waarschijnlijk hun voorbeelden in uw eigen leven. Op een gegeven moment heb je een aangename (of onaangename) verrassing ervaren. Pas veel later begreep je achteraf hoe deze gebeurtenis heeft bijgedragen aan je persoonlijke groei. Het is moeilijk om het belang van de juiste timing te overschatten - zowel bij het plannen als bij het evalueren van de gebeurtenissen in ons leven.

Kennis van de lopende processen leidt een mens steeds verder in de wereld van wijsheid, en dit is precies de wereld - de spirituele wereld. Met de accumulatie en het gebruik van wijsheid neemt de snelheid van onze evolutie dramatisch toe!Dit is wat het betekent: door wijs genoeg te worden om gebruik te maken van deze altijd aanwezige kansen, gaan we veel sneller vooruit in onze spirituele verlichting en ervaren we de pijnen van onwetendheid veel minder vaak. Bovendien, wanneer dit een zeer belangrijk aspect van verlichting is, wordt het leven veel helderder en beginnen we te leven en te handelen in een staat van grotere vrede, harmonie, efficiëntie en met steeds toenemende zelfbeheersing, als je wilt. Zoals eerder vermeld is dit de belangrijkste stap in onze evolutie, waardoor er een duidelijke versnelling is.

Over "evolutie" gesproken: we blijven dit woord herhalen, maar wat evolueert er eigenlijk?De orthodoxe wetenschap gelooft dat het een fysieke vorm is die geleidelijk verbetert en zich aanpast aan zijn omgeving. Hier zit een kern van waarheid in, maar in feite evolueert het aan ons verraden bewustzijn dat in ons leeft, ons ware 'ik'. In de evolutie van de fysieke vorm (zelfs in het individuele leven) zien we alleen overeenkomstige veranderingen. Ik herinner me dat ik vele jaren geleden deze zin hoorde: "Als je boven de veertig bent, heb je het gezicht dat je verdient." Ik denk dat daar ook wel iets in zit. Het is niet zo dat een persoon met fijnere gelaatstrekken noodzakelijkerwijs geestelijk meer ontwikkeld is, omdat er veel andere factoren bij betrokken zijn. Maar in het algemeen, wanneer een persoon meer verlicht wordt, wordt dit weerspiegeld in uiterlijk.

De fysieke vorm van de mens op aarde veranderde geleidelijk; dit proces zal waarschijnlijk doorgaan. Maar de belangrijkste veranderingen vonden plaats in mentale vermogens: ten dienste van ons steeds groter wordende bewustzijn stond een steeds groter en complexer brein. Antropologische gegevens tonen aan dat elk nieuw type persoon werd gekenmerkt door een minder robuust lichaam, maar gevoeliger was. Sommigen zullen misschien beweren dat terwijl atleten nieuwe records op het gebied van kracht en uithoudingsvermogen blijven vestigen, wij mensen daadwerkelijk sterker worden. Maar er zijn nieuwe records gevestigd omdat:techniek verbetert, vaardigheden worden aangescherpt, en slechts voor een korte tijd in de fysieke bloei van een atleet, en helemaal niet omdat de hele mensheid sterker wordt. Zelfs de sterkste man houdt het geen vijf seconden uit in een duel met een gorilla van dezelfde grootte, om nog maar te zwijgen van grote roofdieren.

Als 'survival of the fittest' (fysiek) de drijvende kracht achter evolutie is, waarom hebben wij mensen dan vrijwel alles verloren?lichaamshaar - zelfs degenen die in de koude-starctische gebieden wonen? Men kan hier nauwelijks spreken van fysieke aanpassing. Maar als de drijvende kracht de verruiming van het bewustzijn is, dan is dit verlies logisch. De primitieve mens werd eenvoudigweg gedwongen zijn primitieve geest te gebruiken om te leren overleven door het vermogen om een woning te bouwen en kleding voor zichzelf te maken, en vooral om vuur te temmen. Als je wilt, werden we gedwongen om "onze hersens te wiebelen", en deze handeling helpt ons elke keer ons bewustzijn te vergroten en, uiteindelijk, meer spiritueel verlicht te worden.

Het hele mensenrijk uitroeien zou relatief eenvoudig zijn, maar probeer alle vliegen of kakkerlakken kwijt te raken! Het is algemeen aanvaard dat een bacterie, een regenworm of een madeliefje veel beter is aangepast aan het leven dan wij, complexere wezens. Laten we het dus niet meer hebben over natuurlijke selectie. Elke denkende persoon die met open ogen naar het verleden (of heden) kijkt, zal veel voorbeelden zien waar omstandigheden ons mensen hebben geïnspireerd of zelfs gedwongen om onze intelligentie uit te breiden. We zullen steeds beter geïnformeerd en wijzer worden, en beter in staat om lief te hebben. Uiteindelijk heeft het leven maar één doel: Verlichting. En al onze ervaring dient dit doel! Laten we het hebben over de evolutie van het bewustzijn.

Net als al het andere in het universum, is onze fysieke planeet ontworpen om ons voortdurend naar de volgende stadia van verlichting te leiden. De meeste mensen nemen zowel de fysieke structuur van de aarde als de schijnbare willekeur van de locatie van bossen, zeeën, de verdeling van mineralen in de darmen, enz. als vanzelfsprekend aan. Maar achter dit denkbeeldige ongeluk schuilt een hoger doel. Merk op dat gedurende die periode in de menselijke geschiedenis, toen we eindelijk het beginstadium van mentaliteit bereikten, we onmiddellijk metalen en afzettingen van steenkool en olie "ontdekt"; geleerd hoe het sap van bepaalde bomen in rubber te veranderen en transparante vaste stoffen (glas) te produceren. Deze lijst gaat maar door. Was het niet onvermijdelijk (met een beetje hulp van bovenaf) dat mensen al snel leerden hoe ze machines en voertuigen moesten maken? Dit alles is niet zo prozaïsch als het op het eerste gezicht lijkt. Maar omdat we kennis onbewust verwerven en omdat "hoe beter je weet, hoe minder je respecteert", we de meest verbazingwekkende omstandigheden als iets gewoons ervaren. En absoluut tevergeefs. Veel wijze mensen hebben erop gewezen dat soms de kleinste details bepalen of leven op de planeet, zoals wij die begrijpen, kan bestaan. En als het zo is,

Hier zijn enkele voorbeelden. Om steenkool te kunnen vormen (de brandstof zonder welke de industriële revolutie ondenkbaar is), moest het plantenrijk evolueren (dat wil zeggen, in feite groeien in termen van bewustzijn) tot het stadium van bomen. Toen was het nodig dat deze bomen uiteenvielen en, met een bepaalde combinatie van kwantitatieve en temporele factoren en druk, steenkool bleek over miljoenen jaren - we merken op, lang voordat de mensheid verscheen. Om bepaalde lessen te leren, hebben we soms bepaalde materialen nodig, en deze materialen worden ons ter beschikking gesteld - daar gaat het om! In dit geval hadden mensen een enorme hoeveelheid gemakkelijk winbare brandstof nodig. Het maakte het mogelijk om een aantal uitvindingen te doen die de mens naar het zogenaamde industriële tijdperk leidden.

Hier komen we bij metalen en andere soorten "grondstoffen". Vanuit mijn oogpunt zijn ze niet alleen interessant vanwege hun eigenschappen, maar ook vanwege de relatie tussen hun noodzaak en beschikbaarheid. Bijvoorbeeld ijzer enaluminium is absoluut noodzakelijk in de machinebouw. En toch overal verkrijgbaar. Maar wat als, laten we zeggen, goud en zilver overvloedig aanwezig waren op de planeet, terwijl ijzer en aluminium zeldzaam waren? Dan zou de industrie, technologie en transport die we nu hebben gewoonweg onmogelijk zijn.

Nog een voorbeeld van kosmische planning: bijna overal ter wereld kunnen mensen voedsel en water vinden om te drinken. Als er geen rivieren of bronnen zijn, volstaat het om een put in de grond te graven en hebben we vers drinkwater (wat op zich al prachtig is). Als de grond bevroren is, is er meestal ijs of sneeuw beschikbaar om te smelten. Daarnaast zijn hele groepen mensen als het ware speciaal geprogrammeerd om in de zwaarste omstandigheden te leven. Hierdoor kan de fysieke planeet volledig worden omarmd door het netwerk van intelligentie. Aangezien het mensenrijk voorbestemd is om het (fysieke) 'wereldwijde brein' van het planetaire leven te zijn, was de volgende stap nodig voor de uitvoering van het Goddelijke Plan: het tot stand brengen van een vreedzame interactie tussen menselijke gemeenschappen. Dit werd gedaan door interesse in de handel.

Als het meest noodzakelijke voor het menselijk leven relatief gelijkmatig over de planeet is verdeeld, kan dit niet worden gezegd van veel andere nuttige hulpbronnen. Mineralen, kolen, olie, hout. Voorraden van dit alles zijn zelden op één plek te vinden. Sommige groepen mensen hebben enorme olievoorraden, maar geen ijzer om olieproducerende apparatuur te bouwen. Anderen hebben ertsafzettingen, maar geen steenkool om de metalen te smelten. De rest is duidelijk. Nogmaals, dit deel van het Goddelijke Plan. Ten eerste diende zo'n situatie als een stimulans voor de ontwikkeling van ons intellect; het was nodig om ons leven comfortabeler te maken. Maar op de lange termijn was het belangrijkste om de mensheid te laten interageren en uiteindelijk 'eenheid in verscheidenheid' te worden. Laten we teruggaan naar de industrialisatie.

Van een hoger niveau bezien, ligt de belangrijkste prestatie niet in de enorme hoeveelheid geproduceerde producten, maar in het feit dat het voor de planning, productie en distributie van goederen die de hele wereld overspoelde, vereist was dat de mensheid zich inzet en zich daardoor ontwikkelt zijn concrete denken.Totdat we concreet denken ontwikkelen, blijven we voornamelijk emotionele wezens en kunnen we niet ver komen op ons spirituele pad. Dit brengt ons bij een andere en veel belangrijkere verdienste van het tijdperk van industrie en technologie: het is natuurlijk overgegaan in het tijdperk van informatie en communicatie. Maar dit is op zich niet het einddoel.

Het uiteindelijke doel van de mensheid in dit tijdperk is om haar lot te realiseren: een geïntegreerd 'globaal brein' en het zenuwstelsel van onze planeet te zijn.Wanneer we bij planetaire gebeurtenissen niet alleen het "wat" en het "hoe" zien, maar ook het "waarom" begrijpen, wordt het steeds duidelijker: er is een nog groter plan dat het "Goddelijke Plan" wordt genoemd! Maar hoe zit het met die gemeenschappen die zich verzetten tegen interactie en geïsoleerd blijven? Het is heel belangrijk op te merken dat degenen die enige vorm van "isolationistische" ideologie prediken, handelen tegen het Goddelijke Plan, of ze het zich realiseren of niet. Kwade krachten in de wereld willen geen samenwerking in de mensheid. Hun strategie is om verdeeldheid en verdeeldheid in stand te houden.

We hebben veel voorbeelden van stagnerende (relatief natuurlijk) culturen die lange tijd geïsoleerd zijn geweest van anderen. Maar ons evoluerende universum tolereert geen stagnatie. Wanneer een individu, cultuur of zelfs geloofssysteem vastloopt en groei weerstaat, en hun innerlijke bewustzijn kristalliseert, komen de energieën van verandering vrij! De onmiddellijke gevolgen hiervan kunnen soms als onaangenaam of zelfs ernstig worden ervaren. Maar het resultaat op lange termijn is zeer nuttig. Dezelfde mensen dieschokken moest doorstaan, kan nog een veel gelukkiger leven wachten. Deze redenering mag natuurlijk op geen enkele manier het geweld van sommige mensen, culturen of geloofssystemen jegens anderen rechtvaardigen, laat staan aanmoedigen. Verlichte mensen proberen altijd de vooruitgang van hun broeders en zusters te bevorderen door persoonlijk voorbeeld en liefdevol geboden kansen.

Door ons bewustzijn uit te breiden, zijn we potentieel in staat om te creëren en op te stijgen naar gelukkiger staten van zijn. We blijven onszelf en anderen pijn doen, niet omdat we intelligentie of begeleiding missen, maar eerder omdat we nog steeds een onderontwikkelde energie van Liefde hebben en we niet in staat zijn tot empathie (of weerstand bieden aan dit gevoel).Later zullen we begrijpen welke rol de andere natuurrijken spelen en hoe ze ons helpen onze rol in dit Bewuste Universum te vervullen. Het belangrijkste is dat het noodzakelijke stappen zijn in de opwaartse spiraal van de evolutie van het bewustzijn. Misschien kunnen we nu meer in detail kijken naar het menselijke evolutiestadium, wat natuurlijk voor ons het meest interessant is. Een spirituele reis (zo kan men ook evolutie noemen) wordt meestal vergeleken met het beklimmen van een berg.

Zo'n vergelijking is om vele redenen gepast: in de evolutie is het nodig inspanningen te leveren die beloond worden, en fouten leiden tot vertraging; het is makkelijker als je wordt geleid en geïnstrueerd door iemand die de berg zelf al heeft beklommen; hoe meer je klimt, hoe meeropent voor het oog; wanneer je de top nadert, wordt het duidelijk dat deze via meer dan één enkel pad kan worden bereikt (hoewel hoe dichter bij de top, hoe dichter alle paden samenkomen), enz. Laat me nu een andere analogie nemen. Het wordt geen spirituele beklimming van een berg, maar een reis over een heel continent. Stel je voor dat het begint wanneer we ons in een primitief halfdierlijk ontwikkelingsstadium bevinden, en eindigt in onze verre glorieuze toekomst, wanneer we klaar zijn om naar een ander, hoger rijk te verhuizen, dat soms het 'Koninkrijk der Zielen' wordt genoemd.

Laten we beginnen met het verhaal. De massa mensen bevindt zich aan de oostkust van een groot continent. Ze krijgen te horen dat ze dit uitgestrekte gebied moeten passeren en de westelijke oever moeten bereiken. Bij het bereiken van het doel wordt hen een grote beloning beloofd. Omdat ze te voet gaan, belooft het pad lang te worden. Het is geen race, maar er wordt van ze verwacht dat ze vooruit blijven gaan. Onderweg zullen ze fruit en bessen, groenten, noten en granen eten en water drinken uit rivieren en bronnen. Met een beetje moeite kunnen ze zichzelf voorzien van alles wat ze nodig hebben. Onder hen zijn personen die al eerder de kans hebben gehad om een dergelijke hervestiging te doen. Ze gaan naar de ene kolonist en dan naar de andere, en praten over wat een grote beloning hen wacht, en ook over het feit dat je tijd kunt besparen als op sommige plaatsen "weg snijden". Maar weinig mensen luisteren naar hen. Dus mensen verzamelen zich in groepen en gaan langzaam op pad. Omdat een enorme massa mensen langs de hele kust was verspreid, opereren de meeste groepen bijna autonoom. Sommige groepen trekken een aantal dagen vooruit en stoppen dan, moe van de weg en het vinden van een geschikte plek, voor een tijdje. Anderen lopen langs hen heen totdat ze besluiten te rusten. Er gaat wat tijd voorbij en nu zijn de groepen verspreid over een enorm gebied: sommigen zijn ver vooruit gegaan, terwijl anderen nauwelijks zijn verhuisd.

Soms maken de groepen onderling ruzie. Meningsverschillen ontstaan meestal tussen degenen die de oproep volgen om verder te gaan en degenen die hebben geproefdde charmes van een gesetteld leven en, omdat hij zijn interesse in de beloofde beloning aan het einde van de reis verloren heeft, wil hij op zijn plaats blijven. Onder invloed van tegengestelde energieën ontstaat er bij sommige groepen een splitsing: sommige mensen gaan door, terwijl de rest hun huis niet uit wil. Het is moeilijk voor degenen die voorop lopen, maar ze worden beloond voor hun werk. Ze hebben nieuwe kennis nodig - en die krijgen ze ook. Degenen die besluiten op één plek te blijven, besteden steeds meer energie aan het consolideren en herhalen van wat ze al weten. Vroeg of laat slaat het noodlot onvermijdelijk toe: een overstroming, of een aardbeving, of een verschrikkelijke orkaan. Dus uiteindelijk moeten ze ook weg.

Soms merken migranten dat er ergens nieuwe mensen bij zijn gekomen - individuen of groepen. Dit wordt vaak kwalijk genomen omdat de nieuwkomers niet helemaal vanaf het begin zijn gegaan, maar aan het einde van de reis zullen ze dezelfde beloning krijgen. (Doet dit je ergens aan denken?) En niet alleen daarom: nieuwe mensen moeten geleerd worden wat anderen van hun ervaring hebben geleerd. Lijkt dit oneerlijk? De "oude mannen" herinneren zich liever niet dat ze zelf veel geholpen zijn: van de gave van het leven als zodanig tot alle andere gaven op hun weg. In feite is alles een geschenk van Boven.

Een hoger doel dienen en anderen helpen was het minste wat ze konden doen. (Maar over het algemeen zijn wij mensen ondankbaar voor de eindeloze geschenken die ons worden geschonken.) Gedurende de zeer lange tijd dat deze reis aan de gang is, heeft bijna elke groep de kans gehad om op een of ander moment voorop te lopen. Maar bijna onvermijdelijk kalmeerden de mensen, werden zelfgenoegzaam en de andere groep liep hen voor. Heel vaak overtuigden degenen die tijdelijk voorop liepen zichzelf (en iedereen die wilde luisteren) dat ze veel beter waren dan de rest. Toen eindelijk de eerste van de groepen de laatste bergketen had beklommen, en de reizigers die prachtige plek zagen waarnaar ze streefden, stuurden ze een bericht en haastten ze, zo goed ze konden, de rest zodat ook zij met hen de grote beloning. Maar sommigen zijn zo gewend aan het leven op de eindeloze vlaktes dat ze niet in een glorieuzer leven geloofden en de noodlottige beslissing namen om te blijven waar ze waren.

Vind je deze gelijkenis te simplistisch? Kan zijn. Maar dit is hoe we kijken naar degenen die zich op hogere niveaus bevinden en ons proberen te helpen. Hoeveel van ons verzetten zich tegen verandering (groei)? Hoe vaak klampen we ons vast aan het bekende? Bewust of onbewust kiezen we zelf onze weg en volgen die. En omdat we allemaal verschillend zijn - en zouden moeten zijn - is elk pad uniek. Alle paden gaan echter (figuurlijk gesproken) door dezelfde rivieren, woestijnen, moerassen en bergen. We zien ze als obstakels, maar ze dienen allemaal als noodzakelijke lessen voor ons. Wanneer we ze overwinnen, worden ze mijlpalen op ons pad naar verlichting.

Zoals bedoeld, begon onze menselijke reis met de scheppingpersoonlijkheid geïsoleerd en egocentrisch. Een persoonlijkheid die we moeten veranderen en transformeren - en dat zullen we zeker doen. Transformatie wordt bereikt door het vuur van de geest en leidt tot de vorming van een verlicht spiritueel wezen. Dit proces vereist een volledige heroriëntatie van onze focus op het kleine 'ik' naar zelfidentificatie, uiteindelijk met het grotere leven - met het leven dat de hele planeet omvat! Hier kan men zich de vraag stellen: waarom zouden we een sterke individualiteit creëren, als we die uiteindelijk moeten opgeven voor het welzijn van het geheel? Individualiteit moest gecreëerd worden om de vrije wil te ontwikkelen, want ze gaan zij aan zij.

Dan moeten we leren hoe we onze vrije wil correct kunnen gebruiken. Eerst slim, daarna met Wijsheidsliefde. Dit proces is nodig als we een actief ingrediënt willen worden - niet minder dan een medeschepper - in het grote werk van het ontvouwen van het Goddelijke Plan. Als mede-scheppers zullen we onze individuele talenten en capaciteiten gebruiken om bij te dragen wat nodig is voor de verdere verlichting van de mensheid. Dit proces vereist dat we verantwoordelijk worden, geduld leren, ons hart openen en de mensheid beginnen te dienen! Als individuen zijn we slechts kleine korrels in het universum. Maar onze Ziel is een hologram van het universum en bevat het potentieel van het Al. Daarom moeten we ons deel van de materie loslaten, omhoog duwen van onze persoonlijkheden en daardoor reageren op de eeuwige aantrekkingskracht van onze Ziel.

We gaan van de dierlijke groepsziel naar de ziel van de mens als een individu met vrije wil. Dan verwerven we na verloop van tijd de kwaliteiten van Liefde-Wijsheid en worden zo verlichte mede-scheppers in het Goddelijke Plan van het universum. Het is altijd een raadsel geweest hoe plotseling (op de schaal van de natuurlijke historie), bij afwezigheid van een "verbindende schakel", heel verschillende en veel meer ontwikkelde rassen van mensen verschenen. De wetenschap brengt postulaten naar voren die niet in overeenstemming zijn met het gezond verstand, en onze religies negeren over het algemeen het probleem zelf of verwijzen in extreme gevallen naar Gods voorzienigheid. Trouwens, in dit geval is religie dichter bij de waarheid.

Hier moet worden benadrukt dat zelfs spirituele wezens volgens de wet handelen. Met andere woorden, de middelen van het fysieke vlak worden gebruikt om de resultaten van het fysieke vlak tot stand te brengen. Het is interessant dat op dit moment, wanneer de prototypes van een nieuw model van de mensheid worden ontwikkeld, veel mensen melden dat ze zijn "ontvoerd" in vreemde ruimteschepen, bestuurd door vreemde (voor ons) wezens, en dat genetische experimenten werden uitgevoerd op zij daar. Er zijn ook vreemde gevallen gedocumenteerd van "verminking" van dieren, vooral runderen, waarvan organen en soms bloed operatief zijn verwijderd, materiaal dat kan worden gebruikt om dieren te 'muteren'. Bovendien verschijnen er voortdurend nieuwe soorten in het dierenrijk. (En ik zou adviseren om te kijken wat er in de nabije toekomst met de veesoorten gebeurt.)

Het lijkt erop dat degenen die UFO's als realiteit accepteren, de neiging hebben om zich aan het "buitenaardse" paradigma te houden. Ik zou willen voorstellen om te kijkenhet ontrafelen van het mysterie "dichter bij huis": in het grensgebied tussen het fysieke vlak en de volgende hogere trillingsdimensie (het wordt "etherisch plan" genoemd). Hoewel deze energiedimensies hun eigen beschermende 'webben' en andere trillingsfrequenties dan de onze hebben, zijn ze niet ondoordringbaar voor die wezens die de opdracht hebben om ons evolutionaire proces te helpen. (Later in dit boek zullen we het hebben over deze wezens en wat er kan gebeuren met hun deelname.)

Uit alles wat al in dit boek is gezegd, volgt dat het leven een continuüm is, dat alles deel uitmaakt van iets "hoger en groters", alles is met elkaar verbonden en onderling afhankelijk, alles is eenheid in ruimte en tijd. Alles is eeuwig en beweegt in een spiraal die leidt naar hogere niveaus van bewustzijn of verlichting. Wat betekent dit voor ons in ons mensenrijk? Hoe zijn we bijvoorbeeld verbonden met een ver sterrenstelsel?

Laten we bij het begin beginnen - met het fysieke lichaam van een persoon. We weten dat het is opgebouwd uit botten, spieren, bloed, organen, enz. We weten ook dat deze componenten zijn opgebouwd uit cellen, die zijn opgebouwd uit moleculen, die zijn opgebouwd uit atomen, die... nou ja, het beeld is duidelijk: alles is met elkaar verbonden en van elkaar afhankelijk. En we zijn weer terug bij de correspondentie: "Zo boven, zo beneden", of, in dit geval, "Zo beneden, zo boven." Wij, als individuen, maken deel uit van het mensenrijk en het is de bedoeling dat het mensenrijk het globale zenuwstelsel van de planeet is, en daar evolueert het. Alle rijken (zowel fysieke als niet-fysieke) van een planeet vormen het "lichaam" van die planeet. Dit "lichaam" vormt de schil voor het planetaire leven. (Net zoals ons lichaam een tijdelijk "thuis" biedt voor het Leven dat in ons leeft, jouw ware zelf en het mijne.)

Op haar beurt is elke planeet een van de "energiecentra" of "centra van bewustzijn" in het leven van het grote zonnewezen. Elk zonnestelsel is een van de energiecentra van een nog grotere, meer ontwikkelde spirituele essentie. En dit Wezen is op zijn beurt ook een van de centra van nog groter Leven, enzovoort: sterrenbeelden, sterrenstelsels, metagalaxieën... Dit alles bij elkaar genomen is ons Levend Universum! Pantheïstische God. En in dit verband wil ik nogmaals opmerken: als we naar de hemel kijken, is wat we met onze ogen zien slechts een vage weerspiegeling, een schaduw, zo je wilt, van de kolossale energieën die ons en onze kleine planeet omringen.

De pracht en glorie van de wezens die daar leven correleert met de kleine geesten van mensen, aangezien hun gigantische afmetingen overeenkomen met de onze. Bewijs van? Laten we beginnen met het voor de hand liggende: schoonheid, harmonie, orde in de hemel. Uit de natuurkunde (en onze ruimteprogramma's) is bekend dat om een object in een baan om de aarde te laten blijven, het een bepaalde baanafstand en snelheid moet bereiken ten opzichte van het object waar het omheen draait. Als het te laag of te langzaam beweegt, zal de zwaartekracht het naar binnen trekken (denk aan gevallen kunstmatige satellieten). En als de afstand of snelheid te groot is, verdwijnt deze uit het zwaartekrachtsveld. (Nogmaals, denk aan de satellieten die in de ruimte zijn ontsnapt.) Dergelijke incidenten gebeuren, hoewel de knapste geesten en technologieën van de mensheid betrokken zijn bij ruimteprogramma's. En moeten we geloven dat ontelbare miljarden dode rotsen (planeten) en zonnen per ongeluk in hun ideale banen terecht zijn gekomen? Niet, deze harmonieuze relaties worden onderhouden dankzij het perfecte Bewustzijn van deze kosmische wezens. Maar zelfs zij hebben mislukkingen, hoewel dit vrij zelden gebeurt.

We moeten niet vergeten dat onze planeet en ons zonnestelsel, net als andere zonnestelsels, ook groeien en zich ontwikkelen (in hun hogere dimensies) met al haar onvoorstelbare (voor ons) hoge spirituele niveau. En wanneer ze door hun "groeipijnen" heen gaan, reflecteert dat op ons!Dit kan veel van de eeuwige mythen en legendes verklaren die we in alle oude culturen van de wereld aantreffen - mythen over reuzen, goden en godinnen die bovenmenselijke daden verrichten. Dit zijn vereenvoudigde, gepersonifieerde lagere reflecties van de enorme cyclische energieën die al miljarden jaren op onze planeet en in het zonnestelsel aan het werk zijn. Hoewel deze belangrijke kosmische gebeurtenissen waren gekleed in de eenvoudige vorm van sprookjes voor niet helemaal volwassen geesten, zat er een hogere waarheid in. Mythen en legendes zijn een van de manieren om op allegorische wijze de hoogste waarheden aan de mensheid te onthullen.

Een ander belangrijk punt: hoewel het lijkt alsof de "hemel"ver weg, in feite zijn we in hen. Deze illusie van afstand is te wijten aan het feit dat onze waarneming is gericht op de fysieke of andere lagere niveaus. Op het fysieke vlak ziet alles er objectief en gescheiden uit. Maar op de hogere niveaus, waar onze Geest verblijft, is er geen scheiding (zoals we ons dat voorstellen), en alle energieën werken met elkaar in wisselwerking. Astronomen zeggen bijvoorbeeld dat onze aarde zich in ons zonnestelsel bevindt, dat zich in het Melkwegstelsel bevindt, enz. Dit is het begin van een belangrijke waarheid. Inderdaad, in onze hogeredimensies, bevinden we ons in het energielichaam, de aura van deze grote Wezens (in de stijgende hiërarchie). Ieder van ons is echt een kindsterretje"!

Of, met andere woorden, we zijn cellen in het lichaam van God. Dat is de reden waarom we diep worden beïnvloed door deze hemellichamen (eigenlijk Wezens), net zoals de gebeurtenissen die ons overkomen elke cel van ons lichaam beïnvloeden. Het is noodzakelijk om te begrijpen dat de kosmos volledig bestaat uit krachtige energieën, of levens, en dat wij een klein deel van het kosmische leven zijn en onderhevig zijn aan de invloed ervan. Dat is de reden waarom enkele van de knapste koppen van de mensheid door de geschiedenis heen astrologie hebben bestudeerd. (Dit is natuurlijk geen tabloid-astrologie.) Met behulp van wetenschappelijke methoden en intuïtie is ware astrologie niets meer dan een poging om de oorsprong en het functioneren van het grote Leven te begrijpen en te beschrijven. Hoewel serieuze astrologen de eersten zijn om te erkennen dat hun wetenschap (of kunst) de oppervlakte van de kosmische realiteit nog moet doordringen, onthult zelfs nu de studie van astrologie veel.

Het Leven Van Het Individu Als Een Weerspiegeling Of Model Van Menselijke Evolutie

Als we het thema van deze sectie voortzetten (het universum als onze perfecte leraar), laten we onszelf de vraag stellen: kan ons leven zelf onze leraar zijn als we het van een hoger niveau leren zien? Wat als iemands leven van conceptie tot dood eigenlijk een model of kaart is van de menselijke evolutie?De orthodoxe wetenschap weet dit in principe omdat de biologische wet 'ontogenie weerspiegelt fylogenese'. Maar nogmaals, de wetenschap past deze wet alleen toe op het fysieke organisme. We zullen het ook toepassen op het spirituele bewustzijn, dat zeker de essentie is van het Al, en dan zullen we ons vanuit dit gezichtspunt proberen de toekomst voor te stellen.

We zijn ons er terdege van bewust dat het menselijke embryo eerst de plantaardige fase van evolutionaire ontwikkeling herhaalt, daarna de dierlijke fase (vissen,amfibieën, zoogdieren, enz.), en neemt dan pas een echt menselijke vorm aan. Dit toont ons onze vroegere evolutie en herinnert ons eraan dat onze fysieke lichamen verbonden zijn met de lagere rijken. Men kan zeggen dat gedurende de rest van de zwangerschap tot aan de geboorte, het wezen in de baarmoeder een zich ontwikkelende menselijke "persoonlijkheid" is.

In de tussentijdDe ziel kijkt en wacht tot de fysieke schil zich vormt en op het juiste moment om geboren te worden.De wereld waarin we leven is niet perfect, en gebeurtenissen gaan soms niet zoals gepland. Daarom kan het gebeuren dat de ziel besluit deze keer niet te incarneren en het zwangerschapsproces eindigt in een miskraam of doodgeboorte; of de baby kan plotseling overlijden. De redenen kunnen lichamelijk (gezondheid) of geestelijk zijn; deze laatste zijn voor ons nog onbegrijpelijk op ons ontwikkelingsniveau. En hoewel dit als een tragedie kan worden opgevat, zal dit wezen later incarneren in een ander lichaam, misschien zelfs in dezelfde moeder of in hetzelfde gezin, wanneer de omstandigheden geschikter worden. In feite gaat het leven nooit verloren!

Eeuwige Wijsheid vertelt ons dat de Overziel (Engelen? God? Geestelijke Gidsen?) waakte over de ondermenselijke, beestachtige mannen en vrouwen totdat ze bereid waren elk hun eigen Ziel te accepteren. Toen begon een nieuwe fase in de ontwikkeling van de mensheid.Deze gedenkwaardige gebeurtenis vond miljoenen jaren geleden plaats. De golf van menselijk leven zal nog miljoenen jaren doorgaan, en ergens in de toekomst zullen de meeste mensen het aardse vlak verlaten en verder gaan naar wat we nu waarnemen als Spiritueel Bewustzijn.

Maar laten we terugkeren naar dat belangrijke moment waarop een nieuwe cyclus van incarnatie begint. Er wordt een kind geboren en ademt voor het eerst in, de ziel verbindt zich eindelijk met een klein lichaam en het wezen wordt een echt mens! Om deze gebeurtenis te vergemakkelijken, worden vaak bepaalde geboorterituelen op het kind uitgevoerd - bijvoorbeeld de doop.Hier kan trouwens worden opgemerkt dat de locatie van hemellichamen op het moment van geboorte de Wijzen veel kan vertellen over waar (relatief gesproken) deze Ziel was nadat hij de vorige levenscyclus had verlaten, en wat hij moet doen leer in de nieuwe levenscyclus dat het nu begint.

Laten we nu verder gaan en praten over iets dat niet zo algemeen bekend is. De eerste zeven (ongeveer) jaar worden besteed aan de ontwikkeling van het fysieke en emotionele lichaam en de hersenen. Aan het einde van deze periode begint de tweede cyclus van zeven jaar - de tijd van het "tijdperk van de rede" op de schaal van de individuele benaderingen. In veel religieuze en culturele tradities wordt deze overgang gevierd (en gefaciliteerd) met een ander ritueel. Dit helpt om je aan te sluiten bij het volgende aspect van de Ziel - het ware mentale lichaam. Nu heeft het jonge Wezen een rudimentair vermogen tot abstract denken en begint een belangrijke periode van scholing.

Dan, na tien jaar, (zoals we ons allemaal goed herinneren) verschijnt het volgende onderdeel van de hele persoonlijkheid - een zeer belangrijk, hoewel nog steeds slechts rudimentair aspect van liefde. Het optreden ervan wordt geassocieerd met de puberteit en manifesteert zich voornamelijk in fysieke en emotionele liefde, of in seksualiteit. En nogmaals, in sommige samenlevingen wordt deze belangrijke gebeurtenis gevierd met een speciaal ritueel. (De meeste van de zogenaamde "poltergeist-gebeurtenissen" vinden plaats wanneer deze zeer sterke componenten van het hele wezen proberen mee te doen.)

Nu is de ziel op de een of andere manier gehecht aan de "omhulsels" van onze persoonlijkheid: de fysieke en emotionele lichamen, het mentale lichaam en wat overeenkomt met het "lichaam van liefde" op dit lage niveau. Maar gedurende het hele leven moeten we deze banden, waarover we het nu hebben, versterken.In menselijke gemeenschappen wordt aangenomen dat aan het einde van de derde cyclus van zeven jaar de mens al volledig is gevormd. Met het bereiken van volwassenheid in alle culturen verwerft een persoon al de status van een volwassene. Wat mensen zich meestal niet realiseren is dat de (ongeveer) zevenjarige cycli maar doorgaan, de Ziel blijft haar positie versterken totdat ze, na vele levens, uiteindelijk volledig dominant wordt en zichzelf "verzadigt" met zichzelf. persoonlijkheid. Het is belangrijk om te begrijpen dat de eerste eenentwintig jaar een grote cyclus zullen vormen, die bestaat uit drie kleinere cycli van zeven jaar en die zich zal herhalen op hogere wendingen van de spiraal, opnieuw volgens hetzelfde patroon (fysiek, mentaal, liefdevol). Wedstrijden binnen wedstrijden!

Met andere woorden, vanaf de geboorte tot de leeftijd van eenentwintig is fysieke expressie primair. Dan, gedurende nog eens eenentwintig jaar, zal ons intellect groeien en zal het fysieke beginnen te vervagen. In en na de derde cyclus verwerven we wijsheid en een hogere vorm van liefde. Je kunt dit in je eigen leven waarnemen: rond de leeftijd van tweeënveertig, drieënzestig en vierentachtig jaar zullen belangrijke gebeurtenissen (veranderingen) plaatsvinden of beginnen. Zevenjarige cycli worden ook gedurende het hele leven bekeken - in het bijzonder op 28- of 29-jarige leeftijd ervaart een persoon gewoonlijk zijn "Saturnus-terugkeer" voor de eerste keer in zijn leven. (We hebben het over de "zodiakale" invloed.) Er moet nogmaals benadrukt worden dat dit typisch is voor iedereen, maar afhankelijk van het niveau van spirituele ontwikkeling ervaart individuen dit op verschillende manieren.

Omdat de menselijke wereld duidelijk nog in de tienerjaren verkeert, zijn we gefascineerd door de fysieke wereld en vertonen we andere kwaliteiten van deze tijd. Als we overleven en volwassen worden, zullen we meer hogere kwaliteiten vereren: intelligentie en, belangrijker nog, Liefde-Wijsheid. Ons zonnestelsel is begiftigd met deze spirituele kwaliteit die van het allergrootste belang is. ("God is liefde".)Het is buitengewoon belangrijk op te merken dat in de huidige periode van de menselijke geschiedenis zo veel van onze zogenaamde 'leiders' (in politiek, zaken, amusement) niet streven naar de hoogste en belangrijkste kwaliteiten van de mensheid. In plaats daarvan proberen ze te profiteren van alles wat vergankelijk en onredelijk is, aanmoedigen, beschermen en daarmee macht over anderen, geweld en hebzucht verheerlijken. In veel opzichten wordt dit een 'gedragsmodel' voor onze jeugd. Ze spelen rechtstreeks in de kaart van de krachten van het kwaad! Zelfs in onze huidige (relatief kinderachtige) staat, moeten we begrijpen hoe vluchtige glorie is. Hoe weinig beroemdheden gebruiken hun roem om de groei van het bewustzijn te helpen, ook al weten we dat de historische figuren die we vereren de eeuwige kwaliteiten van wijsheid, mededogen en liefde voor de mensheid demonstreerden. Betekent dit niet iets? Maffiabaas'

Terugkomend op het gesprek over het leven van ieder van ons, laten we het hebben over ouder worden. Waarom worden we überhaupt (fysiek) ouder? Als alle cellen van ons lichaam vaak worden vervangen door nieuwe, waarom verschijnen er dan rimpels en verliest het lichaam geleidelijk zijn vroegere gezondheid? Trouwens, als onze intelligentie volledig afhankelijk zou zijn van de hersenen, zouden we dan niet onze mentale vermogens beginnen te verliezen zodra we opgroeiden? In feite neemt onze kennis en, nog belangrijker, onze wijsheid toe met de leeftijd. Zou het kunnen dat het geleidelijke verlies van seksualiteit vanaf relatief jonge leeftijd bijdraagt aan de ontwikkeling van ons bewustzijn? Misschien concentreren we dan al onze aandacht op datgene waarvoor we incarneerden? Dat wil zeggen, bij het uitbreiden en verhogen van ons bewustzijn, het vergroten van intellect, wijsheid, de kracht van liefde. Juist omdatMisschien, als we het fysieke verliezen, beginnen we te luisteren naar de instructies van onze Ziel en geven we meer en meer energie aan spirituele aspiraties? Het lijkt er immers op dat we wijzer en gevoeliger worden naarmate we ouder worden.

Oudere mensen hebben meestal een meer ontwikkelde smaak voor muziek, kunst, voor wat wij cultuur noemen, voor meer verfijnde en hogere levenskwaliteiten - kwaliteiten die meer resoneren met de spirituele rijken (weer correlatie). De meesten van ons beginnen pas aan een contemplatief leven als we het amusement en andere energieën van de jeugd zijn ontgroeid, tenzij we het hebben over een heel "oude ziel" die wijsheid en mededogen toont, zelfs in(lichamelijk) jong. Wijst dit alles niet op het lot van de mensheid in de toekomst? Nee, het gaat er helemaal niet om dat het lichaam lelijk en gerimpeld zal zijn. Ik bedoel de volwassenheid van waarden: er zal een geleidelijke toename zijn van het aandeel mensen dat meer gepolariseerd is in de mentale en hogere lichamen (die we spiritueel noemen) en minder in het emotionele lichaam (het lichaam van verlangens).

Wat betreft onze fysieke lichamen, ze zullen nog mooier en perfecter worden. Maar schoonheid zal niet langer alleen worden geïdentificeerd met de seksuele aantrekkelijkheid van een persoon, zoals het nu is. Onze fysieke schoonheid duurt tot het individuele tijdperk dat overeenkomt met het evolutionaire tijdperk van het mensenrijk. Met andere woorden, wanneer het mensenrijk ongeveer halverwege zijn voorbestemde spirituele groei is, zullen mensen het toppunt van schoonheid bereiken, niet in de jeugd, zoals het nu is, maar op middelbare leeftijd. Innerlijke schoonheid, die toeneemt met de leeftijd, zal tot uiting komen in de schoonheid van het uiterlijk. Er wordt gezegd dat zelfs nu sommige spirituele of engelachtige wezens er nog jong uit blijven zien, omdat ze al een aanzienlijk deel van het leven dat hun is gegeven, hebben geleefd.

Dit wordt ook waargenomen in het plantenrijk, dat een grote evolutie heeft ondergaan (voor zover we dus hebben laten zien hoe het typische individuele leven van een persoon de vroegere evolutie van ons spirituele bewustzijn herhaalt en demonstreert en hoe het het pad aangeeft dat voor ons ligt Nu kunnen we naar de hele familie van de mensheid kijken en de menselijke evolutie volgen vanaf het dierlijke stadium tot het heden.Stadia van het evolutionaire pad van het menselijk bewustzijn:

a) Jagen en verzamelen

b) Militaire zaken

c) Landbouw ambachten

d) Handel ik industrie

e) Informatie en communicatie

De wetenschap van de antropologie stelt dat mensen hun reis op veel manieren begonnen, zoals dieren: er waren families, uitgebreide families en groepen families (clans of stammen). Ze werkten samen, haalden voedsel voor zichzelf, zochten geschikte "kampen", steunden elkaar, enz. Naarmate meer en meer mensen op zoek gingen naar voedsel en geschikte woonruimte, ontstond er concurrentie, gevolgd door agressie; het werd duidelijk dat de sterken meer kansen hadden om te overleven. Dit is hoe de krijgersklasse werd geboren.

Uiteindelijk leerden sommige mensen hun eigen voedsel te verbouwen enbesefte hoeveel handiger het is dan haar te zoeken. Op een gegeven moment begonnen ze dieren te vangen en te temmen om vlees, melk, huiden, enz. te krijgen. Hierdoor konden families en stammen zich in één gebied vestigen en werden ze bevrijd van de noodzaak om constant te verhuizen om voedsel te halen. De behoefte (die uiteindelijk leidde tot het vermogen) om verschillende dingen te maken was een logisch gevolg van het begin van de samenlevingsvorming en de ontwikkeling van de landbouw. Zo ontstonden ambachten en kunsten.

Natuurlijk begonnen de naburige stammen en clans goederen met elkaar te verhandelen en uit te wisselen, en daarna ontwikkelde de klasse van kooplieden zich geleidelijk. Er was een universeel ruilmiddel of geld nodig.Naarmate de menselijke intelligentie zich uitbreidde, ontstonden er betere en efficiëntere manieren om goederen te produceren; dit proces culmineerde in het zogenaamde industriële tijdperk. Er was steeds meer kennis nodig, evenals de middelen om te verwerven, op te slaan en uit te wisselen: zo begon het huidige informatietijdperk. En zo komen we bij de eerste grote sport of fase van het Goddelijke Plan voor het mensenrijk! Nu beginnen we een "global brain" te bouwen! Het is noodzakelijk om de grote betekenis van deze belangrijkste stap te beseffen. Binnenkort zal de planeet als een heel Wezen kunnen functioneren! Dit is wat de krachten van het kwaad het meest beangstigt, en daarom proberen ze koppig het separatistische denken onder de volkeren van de aarde te ondersteunen.

Laten we, voordat we verder gaan, eens kijken naar de goede en slechte kanten van de hierboven beschreven fasen mensen in deze stadia van evolutie. De fase van de jager-verzamelaar geeft geboorte aan individuen (en sociale instellingen) die op zoek zijn naar nieuwe bronnen van materiële hulpbronnen. Ze kunnen pioniers en pioniers worden. Degenen die geen ontwikkeling in deze categorie hebben bereikt, worden dieven, oplichters, oplichters, enz. De Warrior-klasse ontwikkelt zich tot een politiemacht en een leger, die de samenleving moet beschermen, handelend volgens haar wetten en onder haar toezicht. De menselijke geschiedenis is echter vol met voorbeelden van wrede wetteloze veroveringsoorlogen. Het is niet nodig om dit hier allemaal te vermelden.

In de agrarische fase, ontwikkelde mensen respectvolverwijzen naar de aarde en naar al het leven dat een integraal onderdeel is van het ecosysteem. Daarom cultiveren ze het land, winnen ze mineralen, gaan ze verstandig om met water en andere hulpbronnen en begrijpen ze dat als iedereen intelligent en met goede bedoelingen handelt, als iedereen met elkaar deelt, er genoeg levensonderhoud voor iedereen zal zijn. Als de economie onwetend, dom en hebzuchtig wordt geleid, krijgen we gewoon alles wat we vandaag hebben: "fabrieksboerderijen", monoculturen die de bodem uitputten, milieuvervuiling - en vele, vele andere problemen.

Het lijkt erop dat vakmanschap en echte kunst nu zeldzaam worden. Maar nieuwe energieën komen naar de planeet en wanneer de mensheid begint te handelen op een hogere wending van de evolutionaire spiraal, zullen deze vaardigheden niet alleen nieuw leven worden ingeblazen, maar ook toenemen en gewaardeerd worden. Veel van wat nu wordt doorgegeven als kunst, is dat niet. Ware kunst is immers altijd een weerspiegeling van kosmische harmonieën en verhoudingen op een lager niveau. Ethisch uitgevoerde handel is de erkenning van onze onderlinge afhankelijkheid; het is gericht op het creëren van commerciële relaties waar iedereen wint. Het draagt bij aan het ontwikkelingsvrij ondernemerschap dat mensen stimuleert om hun talenten en capaciteiten optimaal te benutten en te ontwikkelen. Geld moet worden gebruikt als ruilmiddel, waardoor een persoon alles kan verwerven wat nodig is voor het leven en zijn eigen bedrijf kan beginnen. Wanneer kapitaal voornamelijk wordt gebruikt voor manipulatieanderen en persoonlijke verrijking, en er is geen voordeel voor het algemeen welzijn, het is gewoon een misdaad! Onthoud dat onbelemmerd kapitalisme er in theorie uiteindelijk toe zou leiden dat de ene persoon alles heeft en de andere persoon niets. Vrij ondernemerschap en kapitalisme zijn niet hetzelfde! Hebzucht is een ziekte en te veel mensen zijn ermee besmet. We zullen in de volgende sectie meer praten over de verderfelijkheid van het materialisme.

De positieve kant van industrialisatie is dat het de productie mogelijk maakt van voldoende hoeveelheden van alles wat nodig is voor het leven van de mensheid. Bovendien hebben mensen na verloop van tijd, dankzij de industrie, zelfs wat overvloed, waardoor ze vrije tijd hebben en deze kunnen besteden aan het uitbreiden van hun kennis. Op deze manier worden mensen steeds meer intellectueel ontwikkeld, en dit is natuurlijk een belangrijke factor bij het opbouwen van een geïntegreerd mensenrijk. We zijn allemaal bekend (ook uit eigen ervaring) met de onmenselijke gevolgen van buitensporige industrialisatie, ook op het gebied van milieu; het is niet nodig om ze hier specifiek op te sommen.

Informatie en communicatie in elementaire vorm zijn altijd beschikbaar geweest, zelfs in de lagere rijken, en de geschiedenis van kennis en communicatie wordt beschouwd als een belangrijk onderdeel van de geschiedenis van de evolutie zelf. Maar nu pas beginnen informatietechnologieën hun rechtmatige plaats in te nemen als de belangrijkste activiteit van de mensheid. En hoewel een groot deel van de prikkel om kennis en communicatie uit te breiden was (en nog steeds is) gebaseerd op persoonlijke egoïstische motieven - zoals hebzucht, het verlangen naar dominantie, trots, enz. - uiteindelijk dit allesvoor het voordeel van. Na verloop van tijd zal het planetaire communicatiesysteem dat nu wordt ontwikkeld, meer en meer worden gebruikt ten behoeve van alle natuurrijken waaruit Planetair Leven bestaat. Uiteindelijk zal er onbeperkte wereldwijde interactie zijn, dat wil zeggen dat elke persoon vrij zal kunnen communiceren met elke andere persoon op de planeet. Hoewel dit een zaak voor de toekomst is, kan men zelfs nu de voordelen ervan voor de mensheid zien. Met behulp van internet staan mensen met dezelfde interesses met elkaar in contact, ongeacht politieke grenzen. De "Age of Aquarius" wordt gekenmerkt door de opkomst over de hele wereld van informele groepen die zijn ontstaan als gevolg van dergelijke communicatie.

Dit is een noodzakelijk onderdeel van het Goddelijke Plan! Daarom hebben de duistere krachten altijd geprobeerd en zullen ze altijd proberen het vermogen van mensen om vrij met elkaar om te gaan, te beheersen, te bedwingen en op de een of andere manier te verstoren. Dit mag niet worden toegestaan! Culturele uitwisseling, toerisme en handel op een eerlijke basis - dit alles draagt ook enorm bij aan de toenadering van mensen en de groei van wederzijds begrip tussen hen.Als we ernaar streven om burgers van de planeet te worden en in vrede en wederzijds voordeel met elkaar om te gaan, moeten we begrijpen dat dit alleen mogelijk is als we de kwaliteit van verantwoordelijkheid verwerven. (Naarmate we meer Licht ontvangen, ontwikkelen we het "vermogen om goed te reageren". Dit is echte spirituele verantwoordelijkheid.)

Er wordt vaak gezegd dat mensen "geen verantwoordelijkheid nemen" voor de gevolgen van hun daden. Verantwoordelijkheid is niet iets dat kannemen of niet nemen. We zijn per definitie altijd verantwoordelijk voor onze gedachten en hun gevolgen. Laten we nog eens - vanuit een andere hoek - kijken naar de ontwikkeling van een individueel menselijk individu en deze vergelijken met de evolutie van de mensheid tot op heden. Toen het Kosmische Licht dieper en dieper in de materie afdaalde, ofduisternis, verdwenen de 'stralen' van deze zuivere geest, of goddelijke monade (iemand zou het een 'vonk van God' noemen) en drongen door tot in de dichtste materie - in wat we het 'koninkrijk van mineralen' noemen. Toen begon het bevrijdingswerk, dat wil zeggen het planten van bewustzijn in een deel van het onbewuste leven. Na miljarden jaren heeft Licht gecreëerdeen 'voorbewustzijn' dat groeide terwijl het naar boven bewoog en het planten- en dierenrijk omvatte. Uiteindelijk, toen het Licht de leiding ontving van de Zonne-engel of Ziel, werd het een lid van het mensenrijk.

Dit is wat belangrijk is om te onthouden: in wezen zijn wij de onsterfelijke vonk van God, of de kosmos! Maar eens waren we slechts formeel menselijke wezens, die voornamelijk leefden door dierlijke instincten, en onze ziel moest inspanningen leveren om ons te leiden en onze ware menselijkheid over een lange periode te ontwikkelen.Daarom, wanneer een van deze wezens (dat wil zeggen, wij) hun incarnaties op het fysieke gebied begint om door de school van het leven te gaan, begint deze persoon zijn reis vanaf een relatief primitief infantiel stadium. Hij lijkt nog steeds veel op een dier en gedraagt zich als een jager-verzamelaar, die de weg van de minste weerstand volgt, dat wil zeggen, alleen leeft van wat hij voor zichzelf kan krijgen. Dit gaat door zolang hij deel uitmaakt van de samenleving van jager-verzamelaars.

Maar wanneer hij begint te incarneren in een meer geavanceerde landbouw- of handelsmaatschappij, waar goederen en diensten worden verkregen door middel van ruilhandel of in ruil voor geld, wordt dergelijk gedrag onaanvaardbaar.

In dit stadium (aan het begin van de evolutie) hebben mensen nog geen geweten ontwikkeld en naarmate ze ouder worden, komen ze vaak tot het idee 'wie sterker is, heeft gelijk'. Zelfs vandaag de dag bevinden "jonge zielen" (zij die weinig fysieke incarnaties hebben gehad) zich vaak in deze "kinderachtige" toestand. Ze leven alleen om hun verlangens te bevredigen. We weten ook dat sommige individuen, zelfs degenen met een ontwikkeld intellect, nog steeds in wezen blijvenroofdieren en krijgen wat ze willen op de meest primitieve manier. De samenleving dient hiermee rekening te houden bij het organiseren van het werk van de justitiële en correctionele systemen (en andere instellingen). We moeten manieren vinden om een nieuw bewustzijn in een persoon te planten, en niet alleen zulke mensen achter de tralies zetten samen met anderen die zich in hetzelfde vroege stadium van evolutie bevinden. Iedereen is zich er terdege van bewust dat dit weinig zin heeft.

Begrijp me alsjeblieft niet verkeerd: er is niets mis met de primitieve levensstijl van jager-verzamelaars. Het is gewoon dat we allemaal moeten profiteren van de kansen die ons worden gegeven om naar hogere niveaus van de levensschool op de planeet te gaan om onze Goddelijke bestemming te vervullen. Waarom? Omdat de evolutie van de mens naar verlichting, evenals de verantwoordelijkheid die ermee gepaard gaat, wordt gepland door spirituele mentoren, of hiërarchie (of God, zo je wilt). Als we vast komen te zitten in een fase van onze spirituele evolutie, zullen we uiteraard nooit onze goddelijke bestemming vervullen. De volgende stap is het begin van samenwerking, maar tot nu toe alleen in het belang van jezelf.

Omdat het leven op dit niveau vaak bedreigend en chaotisch is, beginnen we ons aan bepaalde wetten te houden en de orde te handhaven. Maarin dit stadium zijn mensen er meestal meer bezorgd over dat anderen, dan zichzelf, zich aan de wet houden en gedisciplineerd zijn. Kracht, kracht en controle staan nog steeds hoog in het vaandel. Na vele incarnaties, veel ervaring te hebben opgedaan, veel moeite te hebben gedaan (en veel pijn te hebben doorstaan), leert een persoon geleidelijk aan dat het veel prettiger is om onder mensen te zijn die eigenschappen als verantwoordelijkheid en goedheid vertonen. zal, en dat hierin voor ons misschien een boodschap zit. Het is in dit stadium dat we ons beginnen open te stellen voor contact met onze Ziel, en aangezien onze Ziel een deel is van de Ene Ziel, verwerven we een nieuwe kwaliteit - "sympathie" en als resultaat beginnen we enige bezorgdheid te tonen voor het welzijn van anderen.

We leven niet meer vanuit ons eigen belang. Altruïsme begint te bloeien! Na vele incarnaties wordt de goede wil geleidelijk de wil tot het goede. Dit betekent dat het nu actief op het niveau van intentie werkt en onze "tweede natuur" wordt. Zoals reeds vermeld, is dit een heel belangrijk moment in onze spirituele evolutie! Er is niets verrassends aan het feit dat religies die in verschillende perioden van de geschiedenis verschijnen, meestal overeenkomen met het niveau van bewustzijnsontwikkeling. Primitieve religies houden zich meestal bezig met vrij fysieke dingen - bijvoorbeeld dieren en delen van hun lichaam - en soms zelfs ze proberen een beroep te doen op de elementalen of natuurgeesten van het lagere astrale (emotionele) gebied. Elke stam heeft zijn eigen goden. Ze zijn verbonden met het aardse en 'alledaagse' zelf, kunnen wreed zijn en hebben soms zelfs levende slachtoffers nodig. Op een hoger niveau kunnen vroege religies fysieke en psychologische genezing helpen en de ogen van mensen openen voor het feit dat er leven en Geest of Ziel in alles is.

Dan hebben we goden geschapen naar ons eigen kinderlijke beeld. Allereerst zijn dit jaloerse godheden die gediend en aanbeden willen worden. Ze beheersen ons door middel van angst en schuldgevoelens met behulp van onwankelbare, eenvoudige voorschriften dieopgelegd door intimidatie: ongelovigen ("hen") worden in het hiernamaals vreselijke straffen beloofd; maar de uitverkorenen ("ons") wacht een zalige eeuwigheid. Emotionele regels! Op dit niveau worden religies soms toegeëigend door machthebbers en vult "God" alleen de heersers aan: Hij is voorstander van een bepaald geslacht, ras, nationaliteit en iemands huidige politieke en economische ambities (doctrines). Het komt voor dat een persoon, die een heerser is geworden, zich de status van een god of goddelijke eigenschappen toe-eigent.

We zijn ons terdege bewust van de verschrikkelijke misdaden die zijn begaan in naam van op angst gebaseerde religies.Aan de andere kant leidde de angst voor dergelijke religies veel mensen die werden gekenmerkt door asociaal, crimineel gedrag naar de eerste fase van ethisch gedrag. Maar we blijven evolueren, onze geest wordt actiever en sommige overtuigingen worden dienovereenkomstig steeds betekenislozer. Als er een God is, dan moet God beter zijn dan wij, niet zo slecht of slechter. Op emoties gebaseerd dogma wordt steeds meer in twijfel getrokken. Er is steeds minder geloof in de eeuwige hemel of de hel, omdat het duidelijk wordt dat een echt liefhebbend persoon niet van het leven kan genieten terwijl anderen eindeloze kwelling ondergaan, hoeveel ze ook gezondigd hebben. En het is niet alleen dat: het doel van "straffen" en de overgedragen pijn is om iets te beëindigen, om ons iets te leren zodat we langer kunnen groeien. Maar eindeloos lijden kan dit doel noch enig ander doel dienen.

Als je dit begrijpt, beweegt een persoon geleidelijk weg van een religie die gebaseerd is op schuldgevoelens en angst, naar religies die gebaseerd zijn op liefde (en die intellectueel gezonder zijn). De focus verschuift: als vroeger alle inspanningen waren gericht op het sussen van God en daarmee de eigen huid te redden, begint een mens zich nu zorgen te maken over alle schepselen. Het geweten begint zich te ontwikkelen. En al die tijd passen we ons steeds meer aan de beschaving aan. Na vele levens beginnen we ware cultuur te ontwikkelen. Hoewel we het ons misschien niet realiseren, worden we nu in zekere zin spirituele wezens.

En zo komen we bij de volgende fase, waarin we religie vaak in twijfel trekken, en soms zelfs een tijdje afwijzen. We kunnen meer dan één leven besteden aan het ontwikkelen van de lagere geest, maar ons afkeren van de controle over de emoties. Vaak wordt religie in dit stadium als het ware een wetenschap, of beter: 'wetenschap'. De concrete geest (of, zoals ze nu zeggen, het "linkerbrein" denken) ontwikkelt zich te veel en neemt de persoonlijkheid over. Deze geest is ervan overtuigd dat alle antwoorden in het materiële rijk gevonden kunnen worden, simpelweg door dingen uit elkaar te halen en hun samenstellende delen te bestuderen. In dit stadium wordt de lagere geest de 'doder van het echte' (zoals het wordt genoemd in de Leringen van Wijsheid), omdat het niet in staat is de hogere, abstracte werkelijkheid te zien - ware spiritualiteit - en het bestaan ervan ontkent. Daarom, degenen die gefocust zijn op een bepaalde geest vinden vaak ongegrond de waarheden van die mensen die in staat zijn om op hogere niveaus te opereren. Intellectuele verwaandheid is een val waar velen in dit stadium in zijn getrapt. Of, integendeel, we houden ons aan de 'rechterhersenhelft' en worden meer mystici. Naarmate we wijzer worden, gaan onze goden meer op onze ouders lijken: we verwachten dat ze redelijke oproepen beantwoorden, en we vertrouwen erop dat ze om ons welzijn en dat van anderen geven. We begrijpen dat alle mensen lessen moeten leren ("Wat zal zijn, zal niet worden vermeden") en uiteindelijkwe ontvangen ze door volledig dezelfde pijn te ervaren die we anderen hebben veroorzaakt.

Dan, na vele levens, opent zich geleidelijk een groter beeld voor ons. We beginnen te begrijpen hoe brutaal het is van de kant van een zwakke kleine man om te denken dat hij in ieder geval de Schepper van het Universum is gaan begrijpen! In termen van bewustzijnsniveau staan we veel dichter bij insecten dan zelfs bij de laagste van echt spirituele Wezens! Ten slotte krijgen we nederigheid en gevoel voor verhoudingen. En alleen dan kan men beginnen aan de lange klim naar goddelijke wijsheid. Het is op dat moment dat we heel belangrijke dingen begrijpen: alles maakt deel uit van een nog groter geheel; er is één onveranderlijk alomvattend Principe; het universum is een evoluerende hiërarchie, en"Geweldig universeel ontwerp" (zoals sommigen het noemen). En daar zijn wij een belangrijk onderdeel van!

Mensen die dit stadium van spirituele groei hebben bereikt - dat wil zeggen, verantwoordelijk, medelevend, altruïstisch, met een intelligente, efficiënte wil-ten-goede - worden van bovenaf beschouwd als de 'Nieuwe Groep van Werelddienaren'. Ze werken voor een hoger doel, een evolutionair doel, of ze het nu weten of niet. (Velen weten het niet. Maar mensen met deze kwaliteiten dienen echt het Goddelijke Plan.)Even later zullen we het hebben over de verdere stadia van het Pad van Discipelschap. Van tijd tot tijd worden er wezens onder ons geboren, die een nieuwe boodschap brengen die ons de volgende stappen van onze spirituele groei laat zien. We doden ze, en als er veel tijd verstrijkt, accepteren we slechts geleidelijk en met tegenzin enkele van hun leringen.

Maar de duistere machten slagen er meestal in om een soort religieuze instelling rond nieuwe waarheden te bouwen en in grote mate de Geest van hen te ontmannen, ze te verdunnen, te dogmatiseren en te politiseren. Er is een soort zwaartekracht in het mensenrijk, een drang om af te dalen naar het laagste gemeenschappelijke niveau, en als dit niet wordt weerstaan, is het resultaat altijd desastreus. We zien dit proces keer op keer herhaald tijdens de menselijke golf van leven. Luister maar naar degenen in machtsposities (seculier of religieus) en je zult met droefheid opmerken hoe zelden ze ook maar een fractie van ware wijsheid demonstreren, laat staan meer.

Maar deze situatie staat op het punt te veranderen met de komst van nieuwe verlichte Zielen. De geïnspireerde individuen die de grote religies begonnen, deden dit om licht te werpen op het pad dat voor ons allemaal openstaat, en alle ware religies zullen ons blijven leiden. Een groot probleem ontstaat wanneer een kerk compromissen sluit en verwaand wordt en begint te geloven dat dit op zichzelf het uiteindelijke doel is. Als een kerkleider zegt: "Je hoeft alleen maar naar mijn kerk te komen en je bent gered. Ik heb de waarheid gekend, de hele waarheid en de enige waarheid!" - deze persoon belemmert onze spirituele groei in plaats van helpt! Het is gewoon een toegeven aan die zwakte die we allemaal hebben: het verlangen om 'heiliger te zijn dan anderen'. Zo'n perverse manier van denken heeft al geleid en leidt nu tot bloedige godsdienstoorlogen en vervolging van ongelovigen.

Laat me mijn gedachte uitleggen: religies zijn, zijn en zullen altijd een sterk en noodzakelijk middel zijn om de mensheid te verlichten. Maar zoals bij al het andere, moeten we kieskeurig zijn over wat we als universele waarheid accepteren. Spiritualiteit komt voort uit wat we werkelijk zijn: de Geest. Religie aan de andere kant, het zijn collectief gedeelde overtuigingen over de werkelijkheid. Onze Ziel, het Hoger Zelf, het 'Koninkrijk van God in ons' is onze enige betrouwbare gids, en we moeten zijn leiding gewillig volgen.

Voordat we dit gedeelte over het Universum als Leraar beëindigen, is het noodzakelijk om speciale aandacht te besteden aan één punt: alle problemen in alle rijken van het leven, in alle levenssferen, zijn overkomelijk en uiteindelijk alleen opgelost door bewustzijn te verhogen! Door Spirituele Verlichting en Liefde.Dit is een van de diepste waarheden die een persoon kan kennen, en de waarheid die hij zeker moet nadenken en begrijpen. Alle andere pogingen om de problemen van de mensheid op te lossen zijn slechts tijdelijke maatregelen.

Geen "stokken" en "wortelen", of het nu gaat om materieel welzijn, een goede gezondheid, alle voordelen van een gelukkig leven - of straf,dwang, schuldgevoelens, angst enz. zijn op zichzelf nooit gestopt en zullen nooit stoppen met "onmenselijkheid tussen mensen" (Robert Burns, "De mens is geboren om te rouwen"). Maar ze leiden tot een geleidelijke stijging van ons bewustzijn, waardoor een mens meer "goed" en minder - slecht doet. En nogmaals, alleen de groei van het bewustzijn, zowel op individueel niveau als op het niveau van het hele mensenrijk, zal leiden tot een rechtvaardig en vredig leven.

Wezens die handelen vanuit het niveau van de Ziel, brengen anderen noch door hun acties noch door hun gedachten schade toe.Neem elk scenario van menselijk lijden, en wanneer je het analyseert, zul je zien dat het werd veroorzaakt door onwetendheid of domheid, direct of karmisch veroorzaakt door de actie van een bepaald aspect van planetaire levens. Zelfs zogenaamde natuurrampen leren ons iets. Met andere woorden, de levenscyclus van het universum is de tijd die nodig is om het bewustzijn van al het leven in het universum tot perfectie te verhogen. Of - naar de Universele Verlichting.

Dit betekent niet dat we miljarden jaren moeten wachten op verlichting van ons lijden. Met de groei van individueel bewustzijn en begrip dat leidt tot juiste acties en juiste gedachten, zullen we steeds meer in een staat van vreugde komen. Echte spirituele leraren waren altijd blij, zelfs als ze in de moeilijkste omstandigheden leefden! Laten we het nog een keer herhalen: altijd van materie (uitwendig) - omhoog door de geest, of bewustzijn (kwaliteit) - naar Liefde-Wijsheid (Geest, of Leven). Dit is het pad van verlichting.

We zien het zowel in ons leven als in de evolutie van onze planeet. Als het ons zou worden gegeven om het volledige beeld van het universum te zien, dan zouden we het zien in de evolutionaire terugkeer van de hele kosmos naar zijn volmaakte Bron. En Hij volgt hetzelfde pad.Dit is de ware "bevrijding van de materie"! Het wordt bevrijd, of beter gezegd, opnieuw vergeestelijkt door de eeuwige levenscyclus van het universum. Dit is de ultieme zin van het leven. Dit is het Goddelijke Plan, en wij maken deel uit van dit proces, en een heel belangrijk proces! Iemand zal vragen: "Waarom vertellen en tonen de leraren van de mensheid ons niet gewoon deze hogere waarheden, zodat we er nooit aan twijfelen - om zo te zeggen, ze zullen niet in de hemel worden ingeschreven?"

Hier zijn verschillende redenen voor. Het belangrijkste is dat we het toen niet hadden leren kennen, nog luier zouden zijn geworden dan nu, de weg van de minste weerstand zouden blijven volgen en daardoor nog langer afhankelijke kinderen (in spirituele zin) zouden blijven.

Ja, hoge waarheden worden vaak tot op zekere hoogte vervormd. Daarom moeten we voortdurend onze geest verruimen, wat de weg naar wijsheid is. Er zijn veel verschijnselen die mysterieus kunnen worden genoemd. Ze kunnen op verschillende manieren worden geïnterpreteerd (of genegeerd: het hangt af van de mate van verlichting van een persoon.

Daarom verzekeren mensen die hun overtuigingen niet willen veranderen zichzelf dat gebeurtenissen die tegen hun opvattingen ingaan, niet echt plaatsvinden. Sommigen noemen het de 'wet van wanorde', anderen noemen het het 'onzekerheidsprincipe'. De leraren van de mensheid hebben altijd gezegd dat naarmate we verder komen, we zullen zien dat er vele niveaus van schijnbare werkelijkheid zijn. We moeten streven naar een hoger niveau, niet alleen om onszelf uit te breiden, maar ook omdat ons hogere zelf voortdurend evalueert,Uiteindelijk bereiken we het stadium van wijsheid en inderdaad beginnen we de perfectie van het Goddelijke Plan en de grote Waarheid te zien, die zich opent in de ongelooflijke schoonheid van onze wereldse ervaring. En dan beginnen we te begrijpen: het is "geschreven in de hemel"!

Door de geschiedenis heen hebben mystici in alle delen van de wereld, die allerlei religies belijden (of helemaal geen), dit inzicht ervaren en ze proberen het constant aan iedereen uit te leggen.Mooi zo. Als we deel uitmaken van dit Universum, dit enorme Wezen, en zijn ondergedompeld in een ideale omgeving om te leren (cognitie), waarom groeien we dan niet veel sneller? Waarom "missen" we daarvoor? Het lijkt erop dat velen van ons best tevreden zijn met onszelf en graag willen blijven zoals we zijn. Nu zullen we hierover praten.

Waar Zijn We Geweest (En Waarom Zijn We Er Nog Steeds)

Ik voel me slaperig en ga liggen om te rusten. Ik denk dat ik in slaap was gevallen, maar werd plotseling wakker. Voor mij is deze dag heel belangrijk.Onze stam zwierf door het gebied op zoek naar een plek om voedsel te vinden. Gisteren kwam een van onze spoorzoekers hier terug (waar onze stam tijdelijk is gevestigd) en zei dat hij een familie van dieren zag die groot genoeg was om de hele stam van voedsel te voorzien, maar niet zo groot dat ze erg gevaarlijk en moeilijk te verkrijgen zijn. Vandaag zal hij de krijgers daarheen leiden, in de hoop dat de dieren er nog zijn.

Waarom is deze dag zo belangrijk voor mij? Dit gebeurt tenslotte vrij vaak in het dagelijks leven van elke stam. De zoektocht naar voedsel is waar het hele leven van onze stammen om draait. Deze dag was speciaal voor mij, want voor de eerste keer mocht ik deelnemen aan de jacht - ik werd eindelijk een krijger!Elke jongere van elke stam kan niet wachten tot hij groot genoeg en sterk en behendig genoeg is om op zo'n jacht te worden genomen. Zolang ik me kan herinneren, lijkt het alsof ik hier alleen maar over droomde, me voorbereidend op deze dag. Wat betekent "op deze manier jagen"? En waarom moet je tot krijger worden benoemd? Ik zal je vertellen waarom. De hele stam is constant bezig met jagen of verzamelen. Eten zoeken en verzamelen terwijl je in de buurt ronddwaalt, is heel gewoon. Maar om op dieren te jagen, weg van het kamp,Dit is heel anders. Het draait allemaal om gevaar: in het wilde bos kunnen we onverwachts onbekende dieren tegenkomen. Of nog erger, de krijgers van andere stammen die ook op dezelfde plek kunnen jagen. De resultaten van dergelijke bijeenkomsten zijn onvoorspelbaar. Soms, elkaar nauwelijks opmerkend, verspreiden groepen jagers zich eenvoudig in verschillende richtingen zonder contact te maken. Soms kunnen ze naar elkaar toe komen en uitwisselenhartelijk groeten. Maar als een van de stammen ernstige honger krijgt, wat vaak gebeurt, wordt de ontmoeting een kwestie van leven of dood. Wanneer een stam een goede plek heeft gevonden om te jagen, of wanneer ze al dieren hebben gedood en op weg zijn met een prooi, kunnen krijgers van een andere stam die hen ontmoeten hen aanvallen, iemand verminken of zelfs doden. Zo gebeurde het bij de laatste jacht (toen waren twee van onze soldaten kreupel), daarom werd ik bij wijze van spreken "naar voren geduwd". Als ik me goed laat zien, word ik echt toegelaten tot de krijgers.

Maar als dit mijn eerste uitje is als krijgersjager, hoe weet ik dan al deze dingen en waarom voel ik me zo zelfverzekerd? Het is gewoon dat ik me al heel lang voorbereid. Van jongs af aan heb ik vaak gehoord hoede mannen spraken over jagen. En niet alleen de krijgers zelf, maar ook voormalige krijgers, en degenen die binnenkort krijgers zouden worden, en degenen die er alleen maar van droomden. Het lijkt erop dat ze nergens anders over spraken: ze pochten op successen uit het verleden, klaagden over mislukkingen uit het verleden en ruzieden over hoe ze hadden moeten handelen om anders te zijn. Eindeloze strategieën en tactieken voor elke situatie: hoe een dier te besluipen, hoe het te doden en mee naar huis te nemen zodat krijgers van een andere stam het niet wegnemen. Hier werd uitgebreid over gesproken, want dit alles moet bekend zijn om te kunnen overleven. Geen wonder dat ik me goed voorbereid voel. Iedereen moet voorbereid zijn op de jacht, want de laatste tijd is voedsel schaars en is de stam uitgehongerd. We moesten eten halen.

En toen kwam de dag van de jacht. Wij krijgers komen samen (ik hou zo veel van het "wij krijgers" ding). We zijn onderweg en de jacht begint. Stil de tracker volgend, denk ik na over hoe de jacht de hele stam bij elkaar brengt en hoe iedereen zijn rol daarin speelt. Andere sterke mannen blijven in het kamp, klaar om elk gevaar van buitenaf af te weren terwijl we weg zijn, of om te helpen als we worden achtervolgd (dit zijn onze versterkingen). Vrouwen, oude mensen en kinderen helpen ons bij de voorbereiding van de reis, moedigen ons aan en als we terugkomen, zullen ze ons begroeten met wilde verrukkingen en een echt feest organiseren. Nou ja, en natuurlijk meisjes. Ik heb vaak gemerkt dat de meest succesvolle krijgers geliefd zijn bij de mooiste meisjes. Dus vandaag zag ik dat het meisje dat ik leuk vind en dat ik graag zou willen, zich anders met mij gedroeg. Op de een of andere manier probeerde ze het vooral toen ze me een succesvolle jacht wenste en de hoop uitsprak dat ik gezond en wel terug zou komen. Maar haar glimlach en blik zeiden nog meer...

En nu zijn we hier aan het goede adres. We strekten ons uit in een rij, zoals eerder afgesproken, om de prooi te lokaliseren en te omringen voordat we zelf haar aandacht trokken. En toen begon het! We zagen enkele wilde zwijnen net toen ze ons zagen. Terwijl ik aarzelde, niet wetend wat te doen, omsingelden meer ervaren jagers een varken en probeerden het samen tegen de grond te slaan. Maar makkelijk was het niet, want het varken wilde net zo graag leven als wij wilden eten. Ik "danste" rond het gevecht en probeerde elke opening te overbruggen waardoor het dier zou kunnen ontsnappen. Precies ditIk moest het doen volgens ons plan. Uiteindelijk, na vele vergeefse pogingen om te ontsnappen, raakte het varken uitgeput, een van onze sterke mannen greep het stevig vast, zette het op zichzelf en haastte zich met deze gierende last naar ons kamp.

En toen gebeurde er iets dat we het minst wilden. We zagen nog een groep krijgers. Ze hoorden duidelijk een geluid en renden naar ons toe. Hun troepen waren frisser en het kostte hen niets om ons te verslaan. Bovendien merkte onze spoorzoeker op dat sommigen van hen uit een stam kwamen die door onze oude mensen "beren" werden genoemd vanwege hun kracht en wreedheid.We waren bereid om te vechten en koste wat kost om de buit te redden die zo zwaar voor ons was gewonnen. Opwinding, angst, anticipatie, woede - allemaal door elkaar. Ik herinner me heel vaag wat er daarna gebeurde. De twee squadrons botsten, zwaaiden met hun armen en benen, schopten en vochten met stokken en vuisten. Ik nam veel klappen en sloeg zelf meedogenloos. Ons varken herleefde en glipte uit de armen van de jager die haar in commotie vasthield. Een van de "beren" greep haar en probeerde te ontsnappen.

Hoewel we moe waren, wilden we niet opgeven. We achtervolgden hem, haalden hem in en gooiden hem op de grond. Het varken brak weer los, maar deze keer werd het gegrepen door een van onze sterkste en snelste mannen. Aangemoedigd door deze gang van zaken, omringden we hem en probeerden we geen enkele "beer" in de buurt te laten komen. De strijd ging door, maar we gaven niet op. Eindelijk waren we niet ver van ons kamp en toen ze een geluid hoorden, renden ze om ons te helpen. We hebben ons doel bereikt!

Ik heb nog nooit in mijn leven zo'n verheffing meegemaakt. Iedereen schreeuwde en zwaaide met hun handen. En dan is het beter: "mijn" meisje rende recht op me af en sprong van plezier. Ik herinner me dat we toen omhelsden. Ik was bezweet, vies, buiten adem, en ze omhelsde me! Ik was blij verrast!
En ik werd wakker.

Werd wakker! Dus het was maar een droom? Kan niet zijn! Alles was zoals in het leven: even helder, levendig, emotioneel! Ik wil het niet vergeten. Zo'n levendige en levensechte droom moet iets belangrijks betekenen. Interessant... nou, misschien denk ik er een andere keer over na - het voetbal begint en ik zal deze wedstrijd voor geen geld ter wereld missen! Maar hoe zit het met een soort voetbalwedstrijd als we het hebben over het belangrijkste in het leven, over universele waarheden? Antwoord: Het feit van de enorme populariteit van de zogenaamde sportspellen vertelt ons veel over waar de mensheid zich nu op haar evolutionaire pad bevindt, en geeft ook aan de wijzen aan wat we moeten overwinnen. Met sport op zich is natuurlijk niets mis.

Over het algemeen is sporten een goede manier om fysieke en emotionele energie vrij te maken en het is natuurlijk veel beter dan oorlog (wat eigenlijk altijd een sport voor agressieve mensen is geweest). In onze tijd, waarin ook oorlogen zijn gewordenverschrikkelijk om geprezen te worden, het is geen toeval dat de sport steeds populairder begon te worden. Hoewel competitiesporten over het algemeen vrij onschadelijk zijn, is dit een voorbeeld dat ons niet alleen de kracht van de "aantrekking" van de materie laat zien die we moeten overwinnen, maar ook hoe vatbaar we zijn voor de invloeden van oude gedachtevormen in de aura van de Aarde, of met andere woorden, ter nagedachtenis aan voorouders. (En er zijn vele andere voorbeelden die niet zo onschuldig zijn.) We moeten ook begrijpen dat mensen in stammen leefden en miljoenen jaren jaagden, dat wil zeggen veel langer dan de periode van landbouw en handel duurde. Bovendien hing het voortbestaan van een persoon af van het succes van de jacht. Dit verklaart waarom zulke gedachtevormen veel sterker zijn dan die welke veel later verschenen. Zoals besproken in het vorige deel van dit boek, er zijn mensen die, zelfs nu, net uit deze beginfasen van het evolutieproces beginnen te groeien. Sport is slechts één voorbeeld van hoe sterk en emotioneel ons verleden ons vasthoudt.

Als je niet gelooft dat sport voortkomt uit oude gedachtevormen, laten we dan een analyse maken. Elk sportspel begint meestal met het feit dat groepen (of, in het eenvoudigste geval, paren) concurrerende mensen samenkomen. Vaak worden clubs, rackets of knuppels die op clubs of bijlen lijken, gebruikt in spellen - evenals ballen of soortgelijke objecten (ter grootte van een klein dier of een vogel). Deze objecten moeten over of rond een obstakel worden gepasseerd, in de "mand" of "poort" gaan, ze met een stok of keu in een gat slaan, enz. Lijkt dit niet op het proces van het vangen en hameren van jagende prooien en het afleveren het "thuis"? In dit geval moet je een andere stam te slim af zijn of overmeesteren ... dat wil zeggen, een ander team. Bij grote sporten komt het andere team altijd van een andere plaats, alleen kinderen spelen sportgames "onder elkaar".

Het is merkwaardig dat de Amerikanen tot op de dag van vandaag de voetbal noemen"varkensleer" (varkensleer). Is het nodig om grote fantasie te hebben om in deze bal het varken uit mijn droom te zien, waarvoor twee groepen primitieve mensen zo fel hebben gevochten? (Vooral als het gaat om American football.) Zoals ik al zei, zijn de meeste 'sportspellen' over het algemeen onschuldige voorbeelden van de invloed van oude en niet erg oude gedachtevormen, bewaard in de aura van de aarde, geassocieerd met het verkrijgen van voedsel. Maar er zijn veel van dergelijke "overblijfselen uit het verleden" die erg gevaarlijk kunnen zijn. Het volstaat te herinneren aan de bloedige oorlogen om land die tot op de dag van vandaag plaatsvinden. Volkeren vechten voor het recht om het gebied te bezitten waar hun voorouders duizenden jaren geleden leefden. Ik weet dat dit een gevoelig onderwerp is, omdat er bezettingen en gedwongen verplaatsingen zijn geweest, en sommige volkeren hebben het wettelijk recht om de terugkeer van hun geboorteland aan hen te eisen (natuurlijk heeft iedereen recht op een fatsoenlijke woonruimte). Maar deze gehechtheid aan de "bodem", wanneer het tot het uiterste wordt doorgevoerd, verhindert een persoon om "omhoog" te kijken en zijn inspanningen te concentreren op het pad van de klim naar ons ware moederland.

Gedurende ons leven kan de Ziel af en toe willen dat een persoon of mensen in beweging komen - zodat ze met andere mensen communiceren en nieuwe lessen ontvangen. Door lang op dezelfde plek te blijven, komen de mensen tot stilstand, omdat hier alle lessen al zijn gegeven. Geen wonder dat de mensheid steeds mobieler wordt en *globaal* gemeenschap. Verlichte mensen profiteren van nieuwe mogelijkheden van vrijheid om hun ervaring te diversifiëren en iets te leren. Terugkomend op de vraag hoe sport in het grotere geheel past, is er nog een ander belangrijk punt. Om een object te laten vliegen (dit is bekend bij elke piloot), moet de hefkracht de zwaartekracht overwinnen.

Hetzelfde geldt voor het bereiken van spirituele hoogten. Net als bij een vliegtuig zijn er krachten die ons willen optillen en krachten die ons naar beneden willen houden. De energieën die ons naar spirituele hoogten tillen en ons vooruit brengen naar een nieuw bewustzijn zijn: goddelijke planetaire gidsen, evenals onze eigen Ziel. Ze worden tegengewerkt door krachten die ons onder de duim willen houden; sommige zijn duidelijk en worden "de krachten van het kwaad" genoemd, andere zijn niet zo duidelijk en daarom moeilijker te overwinnen. De energie van de materie zelf heeft zeer lage vibraties (in spirituele zin gesproken), en om de hogere rijken, inclusief de mens, vooruit te laten gaan, moet deze eigenschap van materie worden overwonnen. Veel van wat er in de fysieke wereld gebeurt, is een 'strijd' tussen geest en materie, die zich in de mens manifesteert als een strijd tussen ziel en persoonlijkheid.

Zoals besproken in de vorige sectie, is het universum onze leraar. Wees daarom vooral voorzichtig met symboliek: het kan veel vertellen. Het zwaarste niveau van materie is het mineralenrijk, dat in wezen onbewust en bewegingloos is. Het volgende, minder zware koninkrijk, en met het begin van bewustzijn, is het koninkrijk van planten, die beperkte mobiliteit hebben. Vervolgens komt een nog lichter rijk met nog groter bewustzijn en mobiliteit - het dierenrijk (de klasse van vogels wordt ook geassocieerd met het rijk van de deva's). En natuurlijk is het menselijke rijk (als geheel) het lichtste en meest mobiele van alle rijken op het fysieke vlak. Velen realiseren zich niet dat de hogere of spirituele rijken zo licht (en verlicht) zijn dat we ze niet eens fysiek kunnen voelen, en natuurlijk hebben ze al bereikt wat we bijna onbeperkte vrijheid zouden noemen.

We weten ook dat het plantenrijk geleidelijk het mineralenrijk vernietigt en verteert, wat op zijn beurtgeabsorbeerd door het dierenrijk (en de dierlijke vorm van ons menselijk lichaam). Deze fysieke processen corresponderen met de opkomst van het bewustzijn in de hogere rijken. Wanneer wij (of leden van het dierenrijk) bijvoorbeeld planten eten, is onze hogere energie in feite gunstig voor het plantenrijk. Een ander ding is wanneer mensen dieren eten, omdat de energie van deze laatste vaak sterk en grof is en, inwerkend op een gevoeliger menselijke constitutie, een verruwingseffect heeft. Kijk altijd in termen van energieën!Daarom wordt het gebruik van vlees meestal niet aangemoedigd in spirituele oefening, en als het is toegestaan om vlees te eten, dan wordt het vlees van de lagere, minder wrede klassen van dieren aanbevolen - vis, zeevruchten, maar niet het vlees van vleesetende zoogdieren . En daarom, tussen haakjes, verwerken wij mensen vlees thermisch voor voedsel, waarbij we de kracht gebruiken die inherent is aan vuur om enkele van de grove dierlijke energieën te verdrijven.

Laten we het over doelen hebbenhogere stadia van koninkrijken.Het belangrijkste doel van het mineralenrijk is het verwerven van de kwaliteit van de organisatie. Kijk naar een prachtig kristal en bedenk hoe hoog het organisatieniveau moet zijn om zo'n perfectie te bereiken. Interessant is dat het hoogste stadium in de evolutie van het mineralenrijk wordt beschouwd als radioactiviteit, wanneer de vorm niet langer in staat is om het leven dat erin leeft te ondersteunen - en opnieuw hebben we het over een hoge mate van vrijheid. Iets analoogs aan dergelijke transformaties op het fysieke vlak vindt ook plaats in de subtiele rijken. Wanneer het bewustzijn van de meest geavanceerde mineralen geleidelijk stijgt tot het niveau van de "eerste verdieping" van het plantenrijk, wordt de essentie van hun ziel overgebracht naar dit rijk.

Dan begint de reis naar een nieuw bewustzijnsniveau. Naarmate het eenvoudigste plantenleven zich ontwikkelt tot steeds hogere vormen (inclusief bomen, vaak de "longen van de planeet" genoemd), ontwaakt de (groeps)ziel. Uiteindelijk komt er een climax wanneer de "ziel" zich kan manifesteren door de schoonheid van bloemen: vrijheid wordt uitgedrukt door hun vermogen om geur en kleur uit te stralen, wat meer ontwikkelde insecten aantrekt, evenals vogels en mensen. Wij het volk erenbloemen wanneer we ze gebruiken in onze belangrijkste rituelen en erkennen hun subtiele helende kracht wanneer we ze aan de zieken geven.

Het doel van het plantenrijk is om te leren voelen. Geleidelijk zal dit leiden tot elementaire emoties en verlangens, wanneer de energie van de ziel overgaat in het dierenrijk.De golf van leven gaat omhoog door het dierenrijk, de complexiteit en de mobiliteit van organismen neemt toe; eindelijk bereikt de golf de hoogste levensstandaard in dit koninkrijk - huisdieren. Ze hebben de grootste bewegingsvrijheid, terwijl ze een mens overal willen en kunnen vergezellen. Daarom veranderen we bij het temmen van een dier dat gedomesticeerd kan worden, de dierlijke geest erin in "pre-menselijk", en tot op zekere hoogte begint het zichzelf als een van ons te beschouwen.

Het doel van het dierenrijk is om geleidelijk emoties en verlangens te verwerven en deze gevoelens vervolgens tot een bijna mentaal niveau te ontwikkelen. (We weten dat sommige huisdieren behoorlijk intelligent zijn.)Omdat dit rijk begint met eencellige wezens, nemen deze processen veel tijd in beslag. Nou, dat is allemaal geweldig, maar wat hebben we eraan? Het probleem voor de mensheid is dat terwijl alle koninkrijken op de lange termijn naar verlichting streven, de sterke en grove energieën van de materie, de traagheid van de materie, ons naar beneden slepen. Kortom, het probleem is materialisme. De mensheid realiseert zich niet hoe sterk de invloed van deze krachten op ons koninkrijk is en hoe vatbaar we daarvoor zijn.Dingen (Materie) hebben de meesten van ons verblind.

We zijn zo diep ondergedompeld in hun betovering dat we ze niet meer opmerken. Het is voor ons zoals water is voor vissen.Er wordt gezegd dat "de liefde voor geld de wortel is van alle kwaad." En het is waar. De liefde voor geld (materieel) is inderdaad de wortel van bijna al het slechte in de mensenwereld. De drie "M" - materialisme, monetarisme en militarisme - zijn op zichzelf niet slecht en spelen zelfs een noodzakelijke rol in de menselijke evolutie. Het enige probleem is onze overmatige gehechtheid aan hun energie. En het slechte is dat onze openbare instellingen deze mentaliteit ondersteunen.

Hier moet worden benadrukt dat grove materie ons een andere, nog gevaarlijkere illusie geeft: op het niveau van de materie lijkt alles te bestaan.afzonderlijk. Meestal, wanneer we ons in het mensenrijk bevinden, realiseren we ons niet dat we er een deel van zijn en verbonden zijn met alle anderen erin, evenals met alles wat zich in alle andere koninkrijken, op de hele planeet en zelfs in het hele universum. Als we dit eenmaal begrijpen, zal er een einde komen aan oorlogen, misdaad en opzettelijke schade aan anderen. We zullen ons gaan houden aan de Gouden Regel: om anderen te behandelen zoals we willen dat anderen ons behandelen. (We zullen hier binnenkort meer over vertellen.)

We moeten begrijpen dat het mensenrijkmoeten ook werken om vrijheid te verwerven, maar we zijn niet vrij als we ons vastklampen aan het materiaal!Door de geschiedenis van de menselijke evolutie heen hebben alle spirituele leraren de noodzaak benadrukt om onze gehechtheid aan het materiële te overwinnen. We kunnen inderdaad niet 'twee heren dienen'. Wanneer we onze energie op materiële dingen richten, ontnemen we onszelf het vermogen om de groei van ons bewustzijn te ondersteunen. Een persoon krijgt maximale vrijheid wanneer we de controle over ons leven nemen en onszelf bevrijden van de betovering van de materie, wanneer we beginnen te handelen op het niveau van ons hogere lichaam onder de directe leiding van de Ziel. Door dit te doen, betreden we uiteindelijk bewust het pad van spiritueel discipelschap. Alleen dan worden wij in feite mens in de volle zin van het woord!

'Materiaal' zijn niet alleen 'dingen' op het fysieke vlak die kunnen worden gehoord, gezien, aangeraakt, geproefd en geroken. Er zijn hogere overeenkomsten van materie op de lagere niveaus van alle niveaus. Neem bijvoorbeeld het astrale gebied: daar ontstaan onze verlangens,geassocieerd met materiële rijkdom, geld en fysieke (inclusief seksuele) sensaties. Op het laagste niveau van het mentale niveau komen we erachter hoe we onze hebzucht en superioriteitsgevoel kunnen bevredigen, en overtuigen we onszelf ervan dat er alleen de realiteit is die we fysiek ervaren. Het is tijd om te stoppen met het verspillen van zoveel energie op deze lage, relatief materiële niveaus!

Het is bekend dat heel vaak mensen die hun hele leven hebben geredrijkdommen, worden zeer ongelukkig en verwoest met de leeftijd en beëindigen hun leven als gewoon ellendige wezens. Het komt voor dat het leven van hun kinderen ook mislukt, omdat ze samen met het geld vervormde waarden erven. Men kan de evolutionaire status van een rijke (of machtige) persoon beoordelen door te kijken of hij alleen zijn privileges en kapitaal probeert te behouden, of dat hij geneigd is om voor de minder bedeelden te zorgen en een rechtvaardiger orde bepleit die iedereen gelijke kansen biedt om aardse middelen te gebruiken.goede dingen. Echt gelukkig zijn die rijke mensen die het Licht zien en zichzelf bevrijden van de ketenen van het materialisme; zulke worden vaak grote filantropen. Hoogontwikkelde wezens zeiden goed: "Aan wie veel wordt gegeven, van dat zal veel worden gevraagd."We moeten constant evalueren waar we onze energie aan besteden. Onze manier van leven heeft niet alleen invloed op onze directe omgeving en verandert deze ten goede of ten kwade, maar laat ook de mentoren van de mensheid zien of we lessen voor onszelf leren en of we klaar zijn om nog meer verantwoordelijkheid op ons te nemen.

Daarom geven veel spirituele zoekers er de voorkeur aan om bescheiden en pretentieloos te leven en beschouwen elke omgeving, variërend van ascese tot bescheiden welvaart, als waardig. Ware schoonheid is immers eenvoudig en onopvallend. Dit betekent op geen enkele manier een speciale adel van armoede. We moeten ernaar streven de Meester van ons leven te zijn en geen slaaf te zijn van geld of armoede! De sleutel hier is wederom het vermogen om onderscheid te maken en een gevoel voor verhoudingen bij het stellen van prioriteiten.

Individualisering Van De Vrije Wil

We hebben al gezegd dat de kenmerkende kwaliteit van het mensenrijkvrije wil is. In het dierenrijk is er één groepsziel voor elke diersoort, en daarom is het gedrag van vertegenwoordigers van één soort vrij gelijkaardig en typisch. Wij mensen zijn volledig onvoorspelbaar, tenminste totdat onze persoonlijkheid heel wordt en dan op één lijn komt te staan en samengaat met de Ziel. We zouden de ziel een beetje in onszelf moeten uitnodigen en leren haar leiding te volgen. Tot die tijd komt, zullen we de vruchten plukken van ons onvermogen om onze vrije wil te gebruiken, pijn en lijden te ervaren, steeds weer destructieve keuzes te blijven maken, totdat we eindelijk beseffen dat niemand in het leven mag verliezen. En het zal veel beter zijn als je wijs handelt en als groep inspanningen levert, dat wil zeggen, de kwaliteiten van de Ziel manifesteert.

Vrije wil is vereist in de vroege stadia van de menselijke ervaring om een sterke geïndividualiseerde persoonlijkheid op te bouwen. Danom de componenten van de persoonlijkheid (fysiek, emotioneel, mentaal) te integreren. En dan - om de hele persoonlijkheid af te stemmen op de Ziel. Om een hele, uitgelijnde persoonlijkheid te worden, die de kwaliteiten van de Ziel demonstreert - dit is het doel van een persoon in het huidige stadium van evolutie! Dit alles is nodig om de unieke kwaliteiten te verwerven die ons later in staat zullen stellen onze speciale rol in het Goddelijk Plan te vervullen. Als een persoon in contact staat met zijn Ziel, dan zien we hem nu al als een integrale persoonlijkheid.

In de vorige paragraaf hadden we het over de typische

menselijke levenscyclus als een weerspiegeling van de grotere levenscyclus van het mensenrijk op het pad van evolutie. Vanuit mondiaal oogpunt is het interessant om te zien hoe staten en andere openbare instellingen vaak hetzelfde levenscyclusmodel volgen als een persoon. Jonge staten (of staten geleid door geestelijk onontwikkelde leiders) gedragen zich bijvoorbeeld meestal als jonge mensen: ze zijn gepassioneerd door fysieke (militaire) kracht, "mooiheid" (uiterlijk) en het verzamelen van speelgoed (bruto nationaal product). Daarentegen hechten ontwikkelde landen gewoonlijk meer waarde aan wijsheid, kunst en ware schoonheid. Met andere woorden, voor hen staat de kwalitatieve kant van het leven op de eerste plaats, en niet de kwantitatieve.

Het lijkt erop dat het nu passend zou zijn om duidelijkere en bredere definities te geven van de individuele "persoonlijkheid", evenals "Ziel" en "Geest". In de taal van de spirituele wetenschap wordt 'persoonlijkheid' gedefinieerd als de drie lagere lichamen van een persoon - of vier als het etherische lichaam wordt beschouwd als gescheiden van fysiek; de andere twee zijn het emotionele lichaam (het begeertelichaam, het astrale lichaam) en het mentale lichaam. We hebben al gesproken over de "niveaus" of "gebieden" van het zijn, maar we moeten van tijd tot tijd op dit onderwerp terugkomen om verder te kunnen gaan. Natuurlijk weten we heel goed wat ons fysieke lichaam is, en misschien nemen we alles wat met zijn vitale activiteit te maken heeft als vanzelfsprekend aan. In feite wordt het leven verschaft door de aanwezigheid van een etherisch of energielichaam (soms vitaal genoemd, dat wil zeggen "leven"). Wanneer ons energielichaam de verbinding verbreekt, betekent dit (fysieke) dood. (In de volgende sectie zullen we in detail praten over ons energielichaam.)

Als we slapen of bewusteloos zijn, blijft de verbinding met de hogere lichamen behouden, maar ze dringen niet noodzakelijk door in het fysieke lichaam. In feite is 'leven' op het fysieke gebied verval (en dit kan worden gezien als we naar een verdorde plant of een dood dier kijken), omdat het uiteenvalt in zijn samenstellende delen om iets anders te worden. Natuurlijk is deze functie op zijn niveau erg belangrijk, maar hij speelt een ondergeschikte rol wanneer het lichaam bezig is met Leven.Met andere woorden, ons fysieke lichaam is niets meer dan een pak waarin het voor ons gemakkelijk is om onze lessen te ontvangen, maar het is niet eeuwig en wanneer we het "pak" verslijten, moeten we het zo snel mogelijk kwijtraken. Hygiënische manier. Dit is een van de redenen waarom crematie steeds meer een onderdeel van het menselijk bewustzijn wordt en steeds vaker wordt toegepast: crematie zuivert en maakt energie vrij voor nieuw gebruik, anders zouden ze geleidelijk ontbinden en het milieu vervuilen.

Daarom heeft crematie veel meer zin dan inenergie en waardevolle materialen verspillen aan een toch al nutteloos lijk.Het is heel belangrijk om te begrijpen dat hoe we nu leven bepaalt hoe ons lichaam in het volgende leven zal zijn (en dit is nog een reden waarom we de leiding van de Ziel zouden moeten volgen). In feite creëren we door onze acties alles toekomstgeleiders (lichamen) voor de volgende incarnatie van zijn persoonlijkheid, inclusief astraal en mentaal. Onze emoties en verlangens zijn ons goed bekend, maar we moeten ons er ook van bewust zijn dat ze bestaan in een speciale, uitgestrekte en potentieel gevaarlijke 'ruimte' - op het astrale gebied.

Het gevaar hangt samen met het feit dat op de lagere niveaus, in de 'astrale wereld', de collectieve angsten, woede en haat van de mensheid verborgen zijn - de zaden van geweld. Helaas brengen veel mensen het grootste deel van hun tijd door op het astrale vlak. Daarom is het erg belangrijk om "de wateren van onze emoties te kalmeren" en zelfbeheersing te ontwikkelen. En dan zullen we een helder reflecterend "oppervlak" hebben waarop hogere spirituele energieën kunnen worden afgedrukt.

De leraren van de mensheid hebben altijd de symboliek van water gebruikt wanneer ze hun instructies gaven op het astrale (emotionele) gebied; daarom kun je er veel over leren door rekening te houden met de eigenschappen van water (vloeibaar). Wanneer de trillingen van water afnemen, wordt het hard en koud (ijs); wanneer de trillingen te hoog zijn, verandert het in stoom (overgang naar hogere niveaus). Water "druppel voor druppel verslijt de steen"; het lost mineralen op. Op dezelfde manier vernietigen en verteren de hogere rijken (mentaal en spiritueel) de lagere (fysiek en astraal).

Al onze verlangens en emoties veroorzaken de afscheiding van verschillende vloeistoffen: anticipatie wordt geassocieerd met het vrijkomen van zweet of speeksel, vreugde en verdriet - met tranen, intense angst - met plassen, seksuele opwinding - met het vrijgeven van de bijbehorende seksuele geheimen. Als we ziek worden, geeft ons lichaam ook op verschillende manieren en op verschillende plaatsen vocht af. Deze verbinding wordt onbewust weerspiegeld in ons vocabulaire: sterke emoties ervaren, we "koken", "bevriezen", "smelten", "gieten gevoelens uit", enz. We hebben al gezegd dat het universum onze leraar is. Zoek daarom in alles naar conformiteit!

Een groot leraar uit het Oosten zei: "Om van lijden af te komen, moet je eerst verlangens kwijtraken." Geleidelijk aan het overwinnen van je verlangens zullen we zeker voelen hoe ons lijden afneemt en we gelukkiger worden. We hebben het er al over gehad (en zullen het blijven doen) over hoe belangrijk het is om nergens aan gehecht te raken. Laten we nu verder gaan met het mentale lichaam van een persoon. De lagere of concrete geest is dat deel van onze geest dat er de voorkeur aan geeft alles uit elkaar te halen en te analyseren. Hij gaat prat op zijn logica en, zoals vermeld in het vorige deel van het boek, wordt hij de 'doder van de werkelijkheid' genoemd omdat hij niet het hele plaatje van het universum ziet. (Dit is het voorrecht van de ziel.)

Waanideeën van de geest zijn veel verraderlijker dan de illusies op het gebied van emoties en verlangens, en net zo opwindend. Die mensen die door het stadium van polarisatie op het laagste niveau van het mentale niveau gaan, zijn ervan overtuigd dat er niets anders is dan het fysieke, en dat ongelooflijk complexe leven - en in het algemeen het hele gemanifesteerde universum - is ontstaan als resultaat van een reeks willekeurige evenementen. Een dergelijk denken is gebaseerd op het geloof in absurditeiten als: "als een voldoende groot aantal apen met een typemachine mag spelen, "struikelt" minstens één van hen vroeg of laat per ongeluk op een literair geniaal werk."

Concreet denken heeft een aantal redelijk intelligente mensen tot de waanvoorstelling geleid dat onze hele planeet, met zijn verbazingwekkend mooie en complexe, zichzelf in stand houdende, zelfverbeterend, zelfregulerend en zelfs zelfbewust leven verscheen bij toeval, volgens de wetten van waarschijnlijkheid! Als ik een van de lezers heb beledigd, mijn excuses. Maar zulke overtuigingen zijn het resultaat van beperkt denken, en het is tijd om ze uit te dagen. Het is tijd voor de mensheid om wakker te worden; Het wordt tijd dat mensen echt gaan nadenken, moeilijke vragen gaan stellen en oplossen, en niet zomaar de verkeerde veronderstellingen van iemand anders aannemen. Zoals hierboven vermeld, is de grootste en gevaarlijkste illusie van de concrete geest de illusie van scheiding. De hogere geest weet dat alles verenigd is! Maar we moeten allemaal onze eigen weg gaan om onszelf te bevrijden van de ketenen van het astrale gebied en zijn emotionele "charme". Zelfs deze informatie is voldoende om gemakkelijk te begrijpen waarom ons kleine zelf ons, evenals alle leden van het mensenrijk, zoveel problemen bezorgt.

De menselijke natuur is zodanig dat we allemaal alleen op onszelf gericht zijn, we zijn alleen geïnteresseerd in "ik, ik, mijn", alleen ons eigen fysieke lichaam met zijn begeerten, alleen onze verlangens, die ons steevast naar een doodlopende weg leiden, en onze zeer beperkte geest, bezig met meestal hun eigen illusies. (Nu hebben we het niet over de abstracte of hogere geest, die deel uitmaakt van ons spirituele zelf.) De ziel observeert de hele tijd, gedurende vele levens, en geeft instructies aan de persoonlijkheid, die blijft verbeteren, totdat uiteindelijk duidelijk wordt dat de persoonlijkheid zich goed heeft ontwikkeld. De ziel weet dat de persoon nu een regenboogbrug moet bouwen die de persoonlijkheid zal verbinden met het hogere spirituele 'ik' (dat altijd op zijn eigen gebieden heeft bestaan).

Maar er is hier één probleem: de persoonlijkheid houdt van alle dingen zoals ze zijn; ze is tevreden met de situatie, ze houdt ervan om te bevelen, en ze zal haar macht niet afstaan. Interessant is dat in de Leringen van Wijsheid de menselijke persoonlijkheid (op dit punt in de evolutie) de "Bewaker van de Drempel" wordt genoemd: hij wil tenslotte zijn controle behouden en voorkomt dat we onze hogere, of spirituele , "L". Dit is de hoofdoorzaak van al het menselijk lijden. inferieur, het wereldse 'ik' verzet zich voortdurend tegen de begeleiding van de ziel om zijn energie binnen te dringen. Uiteindelijk komt het hele conflict neer op de weerstand van de materie tegen de Geest (en we zijn nog steeds grotendeels materie). Het resultaat is pijn, die onmiddellijk of later optreedt, want "zoals je zaait, zul je oogsten" (in sommige tradities wordt dit "karma" genoemd). Er is niet veel fantasie voor nodig om je voor te stellen hoe de wereld zou veranderen als de meeste mensen niet op hun eigen persoonlijkheid zouden focussen, maar op je geestelijke lichaam. Zelfs nu, in de aanwezigheid van een persoon wiens persoonlijkheid "geïmpregneerd" is met de Ziel, voelt men innerlijke vrede, licht en een groot verlangen om goed te doen!

Dat was dus een vereenvoudigde beschrijving van de persoon. En wat is het hogere, spirituele 'ik'? Onze spirituele triade, of spirituele lichamen, bestaat op de gebieden (in 'sferen') van de drie goddelijke eigenschappen die we al hebben genoemd: goddelijke wil, liefde-wijsheid, hogere (abstracte) rede. Ze vormen de

Heilige Drie-eenheid, of de drie Aspectstralen uit de zeven Goddelijke Kosmische Stralen van Energie. Het is moeilijk uit te leggen en echt te begrijpen, omdat onze spirituele componenten nog steeds vluchtig zijn omdat we ze te weinig voeden. Maar we hebben allemaal wel eens momenten waarop we naar de hoogten stijgen van mooie gedachten, creativiteit, wijsheid, pure liefde en een glimp van ons ware potentieel zien.

Nu maken onze planeet en ons zonnestelsel een lange periode van groei door, en de belangrijkste eigenschap die de mensheid moet ontwikkelen is de kwaliteit van de Tweede Straal - Liefde. Onze God is de God van Liefde. In de vorige levenscyclus van ons zonnestelsel was onze God (voornamelijk) de God van geest en activiteit. Dit is de volgorde van spirituele ontwikkeling: eerst verwerven we intelligentie, en dan Liefde (en we kunnen intelligent liefhebben). Nu hebben we zoveel intelligentie (zonder liefde) dat elk denkbaar probleem naar ons wordt gegooid. Het is nog steeds moeilijk voor ons om Liefde op spiritueel niveau te begrijpen. Wat wij als liefde beschouwen, is meestal liefde voor onszelf of voor onze medemensen. We beginnen net de kwaliteit te verwerven waar de leraren van de mensheid over spraken: liefde voor degenen die ver weg zijn, liefde voor vijanden. Laten we dieper ingaan op dit belangrijke punt.

Het eerste dat in me opkomt is: hoe kan ik van iemand houden die ik niet mag of die ik niet eens ken? Dit is het hele verschil tussen persoonlijkheid en ons hogere, goddelijke "ik". Terloops merken we op dat in het huidige stadium van menselijke ontwikkeling ons spirituele 'ik' wordt vertegenwoordigd door de ziel. Maar uiteindelijk is zelfs de Ziel niet langer nodig voor ons - we zullen opstijgen naar het koninkrijk van de Heilige Geest. We hebben al gezegd dat een ander probleem onze moderne taal is. Het is gemakkelijk te begrijpen waarom zoveel van de geschreven wijsheid van de wereld gebaseerd is op oude talen: ze (met name Sanskriet) hebben woorden en uitdrukkingen die spirituele realiteiten veel nauwkeuriger uitdrukken. Heilige Schriftvertalingenmoderne westerse talen zijn vaak corrupt en we moeten woorden uit andere talen lenen om diepe waarheden beter uit te drukken.

Maar laten we teruggaan naar Liefde en proberen het te begrijpen. Laten we beginnen met woorden als 'medeleven' en 'sympathie'. De hoogste betekenis en de meest subtiele betekenis van woorden als 'intuïtie'"zuivere geest", "begrip", "zuiverheid", "integriteit", "zorg", "waarheid", "sympathie", "moed", "verlichting", "genade", "gunst" zullen helpen om de betekenis van ware spirituele liefde. Het is iets heel ver verwijderd van een sentimentele, egoïstische, seksgerelateerde 'liefde'-persoonlijkheid. Zodra we andere mensen beginnen te zien zoals ze werkelijk zijn, dat wil zeggen wezens, zoals wij, die het pad van evolutie volgen (al dan niet bewust), zullen hun kenmerken ons duidelijker worden. Als ik mezelf en het grootste deel van de mensheid zie als de kinderen op het spirituele pad dat we werkelijk zijn, wordt het veel gemakkelijker voor mij om anderen (en mezelf) te begrijpen; dan ontspruit liefde voor alles en iedereen. Een hoger perspectief opent zich en je begint te beseffen wat spirituele Liefde is zonder enige voorwaarden. Dat'

Slecht

Over liefde gesproken, men moet ook de afwezigheid ervan vermelden - dat wat we het kwaad noemen. Goed en kwaad worden niet bepaald door willekeurige wetten, die ons zijn toegezonden door een onbegrijpelijke godheid. Goed is wat voor de meeste mensen het grootste goed blijkt te zijn; kwaad is dat wat schade en lijden veroorzaakt. Alles lijkt zo eenvoudig; maar we blijven onszelf en anderen pijn doen.

In termen van spirituele energie zijn Liefde en Licht twee aspecten van godheid, en het tegenovergestelde van Liefde is angst. Daarom, wanneer het licht van Liefde wordt verduisterd, verschijnt de schaduw van angst. Als we het Licht binnenlaten, zal angst veranderen in Liefde. Als we dit niet doen en toestaan dat de schaduw duisternis wordt, zal angst op het astrale gebied uitgroeien tot haat en op het fysieke gebied zal het geweld worden. Er ontstaat een vicieuze cirkel: angst kweekt haat - wat leidt tot geweld - wat angst kweekt, en de sneeuwbal groeit en groeit. Zo werkt het kwaad: alles begint uit angst!

Wanneer iemand angst zaait, speelt dit alles in de kaart van de duistere krachten! Dit gaat niet over die terechte grote en kleine zorgen die onvermijdelijk zijn op ons menselijk pad. Ze kunnen op een wijze, verlichte manier worden aangepakt. We moeten nogmaals benadrukken: op het niveau van de materie lijkt alles gescheiden te zijn. Materie daarentegen heeft overeenkomsten op de lagere niveaus van alle niveaus (astraal, mentaal, enz.), omdat deze niveaus in wezen de grofste en zwaarste energieën van de overeenkomstige gebieden vertegenwoordigen.

Dus wanneer de lagere niveaus van het emotionele of mentale vlak erbij betrokken zijn (en dat zijn ze vaak), zien we onszelf als afgescheiden van anderen, en in dit geval ontstaat er gemakkelijk een schaduw van angst.

In wezen komt al het kwaad voort uit de illusie van afgescheidenheid en zijn echo, de illusie van gebrek. Het universum is overvloedig, maar wij mensen creëren ons eigen nadeel door onze hebzucht, onwetendheid en domheid. En we beginnen te geloven dat we iets in ons eigen voordeel kunnen doen, zelfs als het pijn doet. schade toebrengen aan anderen. Nadat we door deze fase zijn gegaan en ons realiseren dat we allemaal deel uitmaken van een grote Eenheid, beginnen we echt "met anderen te doen zoals we zouden willen dat ze ons aandoen", want als we deel uitmaken van God, of het Universum, dan zullen anderen zijn wij en eten! We voelen deze verbinding zelfs op persoonlijk niveau wanneer we overgaan naar hogere gevoelens, zoals ouderschap of romantiek. We moeten begrijpen dat we op de hoogste niveaus deel uitmaken van het universum en verbonden zijn met alles wat erin bestaat. Op deze niveaus zijn alle componenten van het planetaire leven met elkaar verbonden en is het direct verbonden met het zonneleven, dat een integraal onderdeel is van het kosmische leven (of God). Dit verklaart waarom Goddelijke Wezens zich identificeren met Al dat is, en waarom de Ziel zich manifesteert in ware compassie op menselijk niveau.

Sympathie is de laagste overeenkomst van "Goddelijke Identiteit!" Als we dit eenmaal begrijpen, zal er een einde komen aan oorlogen, misdaad, en zullen we niet langer opzettelijk andere mensen pijn doen. Dan zullen we echt de Gouden Regel volgen en anderen gaan behandelen zoals we willen dat ze ons behandelen. Wij zijn één mensheid, één planeet, één zonnestelsel, één kosmos, en dit alles maakt deel uit van één leven. Daarom zal de mensheid, wanneer ze zich uiteindelijk verenigt en verlicht wordt, van de aarde een heilige planeet maken. Als we het hele plaatje zouden kunnen zien, om de volledige omvang van de menselijke evolutie te zien, om te zien hoe we uiteindelijk de nodige lessen leren en, als we opgroeien, onszelf en anderen geen kwaad meer doen, dan zouden kwaad en lijden hun juiste plaats innemen in Dit plaatje.

Pijn en lijden, zoals wij ze ervaren, zijn tijdelijke omstandigheden! En de geboorte van een kind gaat meestal gepaard met tijdelijk ongemak en het is moeilijk om voor een baby te zorgen. Maar wanneer kinderen opgroeien, zijn alle onaangename momenten vergeten en de communicatie met hen brengt vreugde. We moeten begrijpen dat we allemaal "kinderen van God" zijn en dat we, na talloze levens te hebben geleefd, uit de beginfase van onwetendheid zullen komen; als we pijn hebben ervaren als gevolg van verkeerde acties, zullen we uiteindelijk onze energie op goede daden richten! Naarmate ons bewustzijn groeit, creëren we meer positief karma in plaats van onszelf schade toe te brengen.

Het kwaad overheerst in de wereld voornamelijk door de gedachten en acties van mensen op twee niveaus. Op het ene niveau, het lagere astrale, bezwijken we voor de traagheid van de materie, we worden verleid door de sensuele kant van de dingen en het materiële leven en we willen ze voor altijd hebben. Dit is het resultaat van domheid en onwetendheid (je zou kunnen zeggen "zonde van nalaten"). Het kan worden overwonnen door onze hogere geest en "wil" aan te spreken en te doen waarvan we weten dat het goed is, de energie van materie naar een hoger niveau te tillen, en niet toe te staan dat grove materie ons naar beneden trekt.

Op een ander niveau, het lagere mentale niveau, zijn er gedachtevormen gecreëerd door degenen die opzettelijk de duistere krachten ondersteunen en proberen de verlichting van mensen te voorkomen. Hier heerst de "zonde van het toestaan". Deze energieën worden gevoed door degenen die van macht houden en worden verleid door de illusie van het belang van hun persoon. Zulke mensen, gericht op de lagere mentaliteit, zijn gevaarlijker. De krachten van het kwaad gebruiken zulke mensen om oorlogen aan te wakkeren, omdat goede mensen onvrijwillig betrokken zijn bij oorlogen, die gedwongen worden te doden en te vernietigen, om zichzelf te beschermen.

Wat we zaaien, is wat we oogsten. Maak geen grapjes met God! Zij die Licht en Liefde belemmeren, al was het maar in hun gedachten, zouden hier onmiddellijk mee ophouden, als ze wisten welke reeks gebeurtenissen ze uitlokken en dat dit zich allemaal tegen hen zal keren. De energieën van het kwaad kunnen immers zelfs op het onderbewuste niveau worden geboren, en we moeten onze gedachten beheersen, omdat ze ons ver kunnen leiden. Je kunt vaak de vraag horen: als er een God of hogere Wezens is, waarom bemoeien ze zich dan niet met wat er gebeurt en voorkomen ze het kwaad niet? Deze vraag zelf weerspiegelt een gebrek aan begrip van het ontwerp en het doel van evolutie en de rol die we daarin moeten spelen.

De uitroeiing van het kwaad is de hoofdtaak van het mensenrijk! We moeten onthouden dat materie (relatief) onverlichte substantie is. En het kwaad in menselijke dimensies komt voort uit het gebrek aan Liefde en Licht. En hoewel we ons nog steeds in dat stadium bevinden dat "pre-goddelijk" kan worden genoemd, als het ware aan de vooravond van onze goddelijke bestemming, zijn het in de eerste plaats wij, de mensen, dieeen sleutelrol spelen bij het uitroeien van het kwaad. Ons (menselijke) doel is om Licht te brengen: het combineert met materie en creëert alle manifestaties van Liefde. Het kwaad wordt alleen verslagen door de Verlichting! Met andere woorden, we zijn allemaal geschapen als onderdeel van het Goddelijke Plan, en samen met alle andere componenten van ons universum zijn we voorbestemd om mede-scheppers te zijn. Dit is een van de redenen waarom ons koninkrijk bestaat. Hoe zouden we anders groeien als we nooit voor een keuze zouden staan en als iemand anders ons werk voor ons zou doen? We zijn hier niet om te wandelen!

Laten we nogmaals benadrukken: wij, het mensenrijk, zijn, net als alle andere rijken, voorbestemd om het bewustzijn van de materie te verhogen; til het op en bevrijd het daardoor, en laat de materie ons niet naar beneden trekken en ons niet tegenhouden. Om dit te doen, is het erg belangrijk om je Hart (hartcentrum of chakra) te openen. Dit is nodig voor onszelf - voor de hele mensheid - en voor alle andere koninkrijken waaruit het planetaire leven bestaat. Op een bepaald niveau van ons wezen weten we allemaal dat de wereld zoals die ons gewoonlijk wordt voorgesteld, geen realiteit is, en dat veel van de waarden van onze samenleving valse waarden zijn! Stel je bijvoorbeeld eens voor hoe anders de wereld zou zijn als we altruïsme zouden eren en cultiveren in plaats van hebzucht.

Merk op dat hebzucht overal openlijk, agressief en openlijk wordt gepropageerd, terwijl er alleen over altruïsme wordt gesproken. Wat als de modellen om te bewonderen en na te streven altruïsten waren, medelevende mensen die echt goed doen? Maar we leven in een wereld waar infantiele mensen met de laagste waarden, die hun hele leven aan hun grillen toegeven, als 'welvarend' worden beschouwd, alleen maar omdat ze geld of tijdelijke macht van het systeem hebben gekregen en het gebruiken voor zelfverheerlijking. De dag zal komen dat de mensheid een meer volwassen staat zal bereiken op het pad van evolutie en onze samenleving wijs genoeg zal zijn om deze waanvoorstelling volledig te corrigeren. Kortom, menselijke verlichting wordt verkregen door: meditatie, die in eerste instantie de vorm kan aannemen van gebedsvolle contemplatie: we worden opengesteld voor de waarneming van de Hogere hemelse invloeden. Oprechte en constante studie is de studie van hogere waarheden in al hun manifestaties. Houding ten opzichte van het leven als een dienst ten behoeve van de hele planeet.

Meditatie, studie, dienst – dit drievoudige Pad stelt ons in staat om zelf de ongelooflijke realiteit te voelen, waarin hogere bestaansdimensies voor ons openstaan! En niet alleen zijn ze open, we worden op alle mogelijke manieren aangemoedigd om mee te doen om eraan deel te nemen en onze bijdrage te leveren. Het is interessant dat in de hogere esoterische leringen wordt gezegd dat wat we waarnemen als liefde de lagere weerspiegeling is van de wet van magnetisme, de universele wet, die zelfs de planeten en zonnestelsels in haar banen houdt.

Aan het begin van de sectie hebben we voorbeelden gegeven van hoe we naar het verleden worden getrokken; nu hebben we het over de aantrekkingskracht van de kosmos; een denkend mens heeft iets om over na te denken. Tot nu toe heb ik geprobeerd de volgende belangrijke vereisten te installeren:

Het universum bestaat uit talloze niveaus, graden en eenheden van energie, die elk hun eigen bewustzijn hebben. Ze worden allemaal gezien als materie, leven en ruimte. Op ons (menselijke) niveau van spirituele ontwikkeling is ons leven, onze omgeving en elke levenservaring onze leraar. De wortel van alle kwaad ligt in gehechtheid aan het materiële en in de illusie van afgescheidenheid. Wij zijn "Ziel" en "Persoonlijkheid". Het 'ik' dat zich vastklampt aan het verleden is alleen op zichzelf gericht en strekt zich uit tot materie. De ziel, of ons volwassen 'ik', is naar voren, naar buiten en naar boven gericht; het zorgt voor het welzijn van het geheel en de groei van het bewustzijn van lagere en grovere niveaus (materie).

In wezen is elk conflict een conflict tussen de Ziel en de persoonlijkheid. Daarom ontstaat pijn voornamelijk als gevolg van wrijving veroorzaakt door de weerstand van de persoonlijkheid tegen de roep van de Ziel. Wat voor ons crises in ons persoonlijke leven lijkt, zijn in feite manifestaties van spirituele crises. Al het bovenstaande kan worden beschouwd als een inleiding tot het spirituele leven voor de oprechte zoeker.

Energiecentra, Vliegtuigen, Lichamen

Tafereel:huiskamer. Jonge vrouw zittend in een stoel en het lezen van een boek. De vader komt de kamer binnen.

Vader: Hallo hoe gaat het? Wat doe je?

Dochter: Ik ben een prachtig boek aan het lezen over chakra's.

Vader: Opnieuw? Luister! Je weet in je hart dat dit allemaal onzin is! Zet alles uit je hoofd! Dit zijn je goeroes, of wat ze ook zijn, ze zitten al in mijn lever. Ik zou ze een schop onder hun kont geven! Ik weet het, ik weet wat je gaat zeggen. Dat ik een bekrompen materialist ben.

Gordijn.

Daar ga je weer: het Hoger Zelf weet wat de persoonlijkheid afwijst.Zelfs mensen die tot ongeloof in het bestaan van spirituele lichamen en centra van hogere energieën zijn geleid, noemen in de dagelijkse communicatie onbewust de belangrijkste (of secundaire) chakra's. Hoe kan dit! Waarom kiezen we er zo vaak voor om blind te blijven (wat het "derde oog" betekent)? Waarom blijven we slapen als we er maar één nodig hebben: wakker worden en de waarheid om je heen zien? Hoe kun je ontkennen? In alle talen van de wereld wordt het woord "hart" geassocieerd met de kwaliteiten van pure liefde, mededogen, sympathie, altruïsme, moed, enz. De kwaliteiten die nu in het bewustzijn van de mensheid worden geïntroduceerd ("God is Liefde "). Kwaliteiten die de mensheid zo hard nodig heeft! En dat is nog maar het hartchakra. Hoe zit het met de andere zeven (alweer dat aantal) grote energievelden die ons mensen energie geven?

Maar hou op. Ten eerste is het beter om dieper in te gaan op het energielichaam (etherisch of vitaal) dat al is genoemd. Het feit is dat energiecentra (of chakra's) niet bestaan in de fysieke materie van ons lichaam, maar in de energielichamen die het binnendringen. Opgemerkt moet worden dat etherische materie in feite fysiek is, maar zo subtiel dat de mensheid niet eens instrumenten heeft om het te detecteren, behalve voor een deel van het elektromagnetische spectrum (dit omvat enkele etherische aura's die kunnen worden vastgelegd met behulp van een speciale fotografische methode, en ik geloof, wat heet "morfogenetisch veld").

Aangezien deze energiecentra niet in het fysieke lichaam bestaan, maar in de etherische (en hogere) lichamen, moet men begrijpen dat hun namen, die verwijzen naar de fysieke organen (hart, keel, zonnevlecht, enz.), alleen bij benadering geven hun locatie en relatie met bepaalde lichaamsfuncties aan.

De etherische substantie dringt niet alleen overal door, maar verbindt ook alles met het Al. Via de etherische velden zijn wij mensen "verbonden" met al het leven op de planeet, inclusief het planetaire leven zelf. En het planetaire leven is door deze energie verbonden met het zonnestelsel en het zonneleven. We hebben het hier al over gehad: dankzij deze subtiele energieverbindingen zijn we een deel van God. Als je dit begrijpt, is het gemakkelijker om het universum als een hologram waar te nemen en te beseffen dat alles in Alles is vervat. Als we leren over de etherische of vitale energie, over haar alomtegenwoordigheid en dat het het ware leven op het fysieke vlak is, beginnen we het hele universum beter te begrijpen en beseffen we dat wat we fysiek voelen slechts een schaduw is van wat echt is. bestaat.

We zouden meer kunnen praten over dit belangrijke aspect van de werkelijkheid, maar we moeten terugkeren naar de belangrijkste energiecentra. Voordat we kijken naar de zeven belangrijkste (er zijn nog secundaire) centra, is het belangrijk om te benadrukken dat in het menselijk lichaam het middenrif symbolisch de vier bovenste, of spirituele, energiecentra scheidt van de drie lagere, of persoonlijke. Het is erg belangrijk om dit te onthouden, want naarmate ons bewustzijn groeit, worden onze "lagere" energieën getransformeerd en overgedragen "opperste".In feite bouwen we een brug, een "regenboogbrug" (antahkarana genoemd in het Sanskriet) tussen onze persoonlijkheid en de Ziel, om dit proces te helpen. En laten we nu in meer detail praten over de zeven belangrijkste energiecentra. Laten we ze van boven naar beneden opsommen:

Kruinchakra

Het energieveld van de kroon ("kroning" van het hoofd en het hele lichaam) lijkt de kroon te belichamen van alle menselijke prestaties op het spirituele pad. Zowel daardoor als via het hart zijn we direct verbonden met de universele Goddelijke Geest. Spiritueel gevoelige kunstenaars tonen ontwaakte wezens en tekenen vaak een halo om hun hoofd of een halo boven hun hoofd. Soms proberen we onbewust dit kruincentrum op het fysieke vlak te reproduceren, om zijn surrogaat te creëren. Dat is de reden waarom, door de geschiedenis heen, de heersers van alle landen van de wereld zichzelf "kroonden", tevergeefs (en tevergeefs) in de overtuiging dat dit hen wijsheid en superioriteit toevoegde. In die zin zijn die primitieve stammen wijzer, waarbij de aanvrager van een speciale hoofdtooi, die een belangrijke rol speelt bij rituelen,

Derde Oog Chakra

Het is het naar binnen gerichte oog dat, naarmate ons bewustzijn evolueert en we in contact komen metZiel ontwaakt en wordt het zogenaamde "Ajna-centrum". Alle kennis, alle informatie is al "hier". In de Leer wordt dit een 'wolk van kenbare dingen' genoemd. (Zie bijvoorbeeld "Treatise on White Magic", orig. p. 456., verwijzend naar

Patanjali - blijkbaar "Yoga Sutras", 4:29). En we kunnen deze enorme voorraad kennis (en we doen het!) meer en meer aanraken naarmate we verlicht worden. In dit stadium van de evolutie van het bewustzijn is dit centrum bij de meeste mensen nog vrij slecht ontwikkeld. Maar alles verandert wanneer we vertrouwd raken met het proces van visualisatie en het beginnen te gebruiken om bewust te creëren op het niveau van etherische en mentale materie. Hierdoor begint de chakra het "derde oog" te werken en krijgen we steeds meer inspiratie.

De mensheid is zich nog weinig bewust van de enorme kracht van geïnspireerde (dat wil zeggen, vergeestelijkte) verbeelding. Door hogere verbeeldingskracht te activeren (niet te verwarren met louter dagdromen), stellen we ons open voor inspiratie. Dan moeten we deze inspiratie grijpen, versterken en stimuleren door het ontwikkelde vermogen om te visualiseren, en beginnen met het creatieve proces van het bouwen van gedachtevormen met een groot potentieel. Zo beginnen we te scheppen in een hogere werkelijkheid, zoals we eerder deden. door onze vleselijke verlangens - in astrale materie. En dit is nog maar het begin. Alle briljante makers van vroeger en nu, op welk gebied ze hun kracht ook inzetten, hebben iets gemeen: een ontwikkelde, vergeestelijkte verbeelding.

Wat daarna verandert, is dat naarmate ons bewustzijn groeit, de pijnappelklier en de hypofyse geleidelijk met elkaar gaan interageren, waardoor onze latente intuïtieve vermogens worden onthuld. Hoeveel zou de mensheid veranderen als we de zuivere rede zouden gebruiken, of "directe kennis" (die al bestaat op de hogere gebieden)! In alle tijden hebben verlichte wezens dit vermogen getoond. Als de intuïtie van mensen voldoende ontwikkeld is, zullen we elkaar niet meer kunnen bedriegen, zoals we nu vaak doen, omdat we de leugens doorzien. Het is belangrijk om intuïtie niet te verwarren met 'lager psychisme'. Dit laatste is gebaseerd op het zonnevlechtcentrum en richt zich voornamelijk op het astrale vlak. Voor een ontwikkeld persoon wordt Ajna ("derde oog") het "oog van de ziel", zijn "venster naar de wereld".

Keelchakra

interessant omdat het het energiecentrum is van onze hogere creativiteit. Dit spirituele centrum werkt tot op zekere hoogte voor alle getalenteerde mensen van de kunst: kunstenaars, beeldhouwers, architecten, muzikanten, enz.Na verloop van tijd zal dit centrum, net als alle andere chakra's, voor ons allemaal openen (of genoeg energie krijgen), als we de nodige inspanningen leveren om ons bewustzijn uit te breiden en te laten groeien. Tegelijkertijd zal de energie van het sacrale chakra, of het sekscentrum, dat nu wordt gebruikt voor reproductie (en eigenlijk meer voor entertainment), worden getransformeerd en stijgen naar het keelchakra.

Zelfs vanuit fysiologisch oogpunt zijn er enige overeenkomsten tussen de keel en de voortplantingsorganen, meer bepaald tussen de amandelen (amandelen) en de geslachtsklieren of geslachtsklieren. Als je denkt dat dit belachelijk klinkt, denk dan eens aan een aantal ziekten - bof bijvoorbeeld - die zowel de amandelen als de testikels of eierstokken aantasten. De wetenschap kan de rol van de amandelen in het lichaam niet volledig verklaren (ik veronderstel dat dit een zaak voor de toekomst is). Schade aan de seminiferi-kanalen bij mannen heeft direct invloed op de stembanden en de stemveranderingen.

Hier is nog een voorbeeld: ik heb gehoord dat sommige verstandelijk gehandicaptenjongeren hebben uitzonderlijke capaciteiten op een bepaald gebied van de kunsten. Maar bij het bereiken van de puberteit verliezen ze hun gave (het wordt vervangen door seksuele aantrekkingskracht). Wederom is er een verband tussen de sacrale en keelvormen van de schepping!Interessant is dat dieren, in tegenstelling tot mensen, niet in staat zijn tot gepassioneerde kussen in seksuele relaties. (Om nog maar te zwijgen over de geneugten van orale seks.)

Chakra Van Het Hart

Hoewel we al iets hebben gezegd over het hartcentrum, is het nu heel belangrijk om te beseffen dat de mensheid zich moet ontwikkelenkwaliteiten van Liefde-Wijsheid in dit, ons huidige, zonnestelsel. De reden is deze: we leven nu in een tweede straals zonnestelsel en een van de belangrijkste doelen ervan is om deze goddelijke kwaliteit op de mensheid af te drukken. Dit is waar, want alle religieuze leringen van de wereld zeggen dat onze "God" de God van Liefde is. In de aura, of het energieveld, van dit grote Wezen, zullen we geleidelijk deze spirituele kwaliteiten van het Goddelijke Hart in ons opnemen (ondanks het feit dat mensen erg resistent zijn tegen alle nieuwe en onbekende energieën). Wat een geweldige tijd zal het zijn als dit gebeurt!

Je kunt je voorstellen hoe ons leven zou veranderen als

mensenbeginnen elkaar te behandelen zoals ze zouden willen dat andere mensen hen behandelen. Asociaal gedrag en oorlogen zouden dan immers gewoon ondenkbaar zijn.Misschien is de tijd gekomen om op te merken dat de energieknooppunten in de chakra's soms worden vergeleken met lotusbloemblaadjes. Wanneer de "bloemblaadjes" van Liefde zich openen in ons hartcentrum, zullen we echt liefdevolle wezens worden. Nu al hebben veel mensen hun hartcentra open en binnenkort zal hun aantal een kritieke massa bereiken. Er werd echt gezegd: "De zachtmoedigen zullen de aarde beërven" (zie Ps. 36:11, Matt. 5:5).

Tot dusver hebben we het gehad over de vier belangrijkste energiecentra,gelegen boven het middenrif, die spirituele centra worden genoemd. Laten we nu verder gaan met drie belangrijke centra, die zich hieronder bevinden. middenrif en geassocieerd met persoonlijkheid.

Zonnevlechtchakra

In het fysieke lichaam is de zonnevlecht als het "brein" van de ingewanden. De chakra die ermee verbonden is, regelt ons emotionele leven en onze verlangens (maar geen hoge ambities). Het is hier dat de minder spiritueel ontwikkelde mensen gepolariseerd zijn - en zulke mensen zijn nog steeds de meerderheid onder ons. De energie van dit centrum wordt geleidelijk getransformeerd en stijgt naar het hartcentrum.Als iemand zijn emoties "slikt" in plaats van wijs en met liefde te begrijpen, veroorzaakt dit vaak problemen met de maag of de spijsvertering, zoals een maagzweer. Als iemand ons emotioneel overweldigt, zeggen we dat we zulke mensen 'niet kunnen verteren'. We zeggen iets grappigs: "de maag kan scheuren": lachen is ook een reactie van het zonnevlechtcentrum.

Het Sacraal Chakra.

We noemden het al toen we het hadden over de keelchakra. Dit is het seksuele (reproductieve) centrum, dat wordt geassocieerd met zelfrespect en gecontroleerde instincten.

Wortelchakra:

dit centrum, gelegen aan de basis van de wervelkolom, wordt geassocieerd met het metabolisme, met vele functies van het lichaam - spijsvertering, bloedcirculatie, uitscheiding, enz., - vanwaarvan onze lichamelijke gezondheid afhangt. De uitscheiding van grove (vaste of vloeibare) afvalstoffen door de overeenkomstige organen kan worden vergeleken met hoe grove materie op alle gebieden naar beneden wordt gedrukt (en goede energieën stijgen op). De spraak van veel mensen die het meest gefocust zijn op hun twee lagere chakra's staat vol met onbewuste verwijzingen naar deze centra. De "obsceen" woorden verwijzen bijna uitsluitend naar de fysieke organen die overeenkomen met de lagere chakra's. De meest aanstootgevende scheldwoorden hebben betrekking op de geslachtsorganen of uitscheidingsorganen. Het is interessant om op te merken dat degenen die het meest 'gecentreerd' zijn in hun lagere centra, hen met de grootste minachting behandelen.

Opgemerkt moet worden dat er twee chakra's (of dubbele chakra) geassocieerd zijn met de milt, en het wordt ook als een belangrijk energiecentrum beschouwd. (We zullen later over de milt praten.)Er is een verband tussen chakra's en bewustzijnsniveaus: het hartchakra komt overeen met het niveau van Liefde-Wijsheid (buddhic); coronale correleert met het hoogste goddelijke plan; het "derde oog" chakra – met het causale plan (het plan van de ziel); de zonnevlecht en sacrale chakra's, respectievelijk, met de lagere mentale en astrale. Hoewel alle stralen alle chakra's tot op zekere hoogte beïnvloeden, resoneren sommige chakra's meer met bepaalde stralen in een bepaald stadium van evolutie.

En over chakra's gesproken, het menselijke rijk is het enige fysieke rijk dat rechtop loopt en staat (sommige soorten vogels, die meer gericht zijn op het deva-rijk, tellen niet mee). De reden is dat onze hogere centra verticaal moeten worden geplaatst. Dit was pas toen elke persoon zijn eigen ziel kreeg (wat het begin was van het mensenrijk). In het dierenrijk bevinden de bijbehorende energiecentra zich horizontaal, omdat dieren voornamelijk studeren"horizontale beweging". Daarom kunnen ze hun bewustzijn niet hoger verhogen. Onze "mobiliteit" is naar boven gericht, naar het hogere bewustzijn.

Dit is de reden waarom ons wordt geleerd om rechtop te mediteren: deze houding brengt ons (in het bijzonder onze ruggengraat en belangrijkste energiecentra) symbolisch op één lijn met ons hogere zelf.Hogere energieën bevinden zich ook aan de basis van de wervelkolom. Deze potentiële energie wordt kundalini genoemd en er wordt veel over gesproken in spirituele leringen. Als we correct leven, in Liefde en Wijsheid, stijgt deze kracht op natuurlijke wijze op en activeert onze spirituele energiecentra in de juiste volgorde en combinatie. Als dit proces wordt gecoördineerd met de juiste bewustzijnsverruiming, is er niets aan de hand. Maar het is belangrijk om te weten dat je met kundalini geen grappen kunt maken: het is een krachtige kracht, en als het verkeerd wordt vrijgegeven, kunnen de gevolgen de meest trieste zijn - tot aan spontane menselijke verbranding!

Naast de verticaal geplaatste wervelkolom (en chakra's) en individueleZielen, elke persoon heeft een derde unieke eigenschap - dit is het strottenhoofd, waardoor hij kan spreken. Het strottenhoofd stelt ons in staat om onze gedachten te uiten, te communiceren en op een grote manier te creëren. Zoals eerder vermeld, heeft geluid een veel grotere creatieve (en destructieve) kracht dan nu algemeen wordt aangenomen. Maar nogmaals, ik wil je herinneren aan het goede (of schade) dat we onszelf aandoen, onder invloed van een harmonieus geluid (of dienovereenkomstig disharmonisch). Ruwe ruis is schadelijk voor ons, echte muziek is goed, of het nu een menselijke creatie is of de natuurlijke geluiden van de natuur.

In het verleden wisten mensen veel meer over de kracht van deze energie, en het gebruik van geluidsenergie stelde hen in staat enorme stenen structuren op te richten (waarvan er vele tot op de dag van vandaag bewaard zijn gebleven), die, zelfs met onze huidige technische mogelijkheden, verbazen ons. We moeten nog veel leren over oude beschavingen, en dan zullen onze ideeën over hun onbeduidende vermogens als rook verdwijnen. Maar zoals gewoonlijk misbruikten mensen deze kennis, en kennis mocht langzaamaan vergeten worden.We denken dat geluid geluid is. Maar we moeten niet vergeten dat er geluidsgolven zijn die een persoon niet kan horen. De sterke punten en mogelijkheden van deze sector van het energiespectrum worden al gebruikt, bijvoorbeeld in de geneeskunde.

Geluid is iets dat tegengesteld is aan licht (of misschien de lagere reflectie ervan). Geluid reist goed door dichte materie en kan niet reizen in een vacuüm, terwijl licht zich het beste voortplant in "lege" ruimte en niet door de meeste vaste materialen. Het feit dat sommige mensen soms geluid kunnen zien of kleuren kunnen horen, bevestigt het bestaan van enige overeenkomst tussen deze twee soorten energie.Individuele ziel, verticale rangschikking van chakra's en strottenhoofd (een spraakinstrument) - dat heeft een persoon geholpen om verder te gaan dan het dierenrijk en uiteindelijk het niveau van beschaving en cultuur te bereiken (en helemaal niet de uitgestrekte duim en andere vermeende fysieke voordelen waar wetenschappers over praten).

Nu worden mensen meer verlicht en binnenkort zullen we nog meer leren over chakra's, of energiecentra. Zelfs nu, wanneer iemand of iets ons sterke gevoelens laat ervaren, de lokalisatie en aard van sensaties in het lichaam - in de borst, in de maag, in de lies - over veel dingen.spreek met een begripvol persoon. Dit zijn de reacties van onze chakra's. Wees je bewust van hen. En aangezien we in een energetisch universum leven, moeten we denken in termen van de opgaande, afwikkelende spiraal van het leven en de wet van overeenstemming. Dit betekent dat de fysieke en spirituele groei van mensen, evenals vertegenwoordigers van andere koninkrijken, evenals hogere wezens, afhankelijk is van energiecentra.

Door dit te begrijpen, beginnen we te beseffen waarom en hoe we deel uitmaken van God, of het denkende universum.

Het mensenrijk wordt niet alleen het fysieke zenuwstelsel van onze hele planeet. Het ontwikkelt het ding en tot het energiecentrum ("keel") van het planetaire leven. En de planeten (meer precies, hun hogere "lichamen") zijn de energiecentra van het zonneleven. (De meeste planeten zijn niet "dood". Integendeel, op veel ervan bestaat het leven op een veel hoger niveau dan het onze.) Zonnestelsels zijn de energiecentra van de sterrenbeelden als levende wezens - enzovoort, tot aan de hele kosmos (zichtbaar en onzichtbaar), wat ook een Wezen is, dat in religies "God" wordt genoemd. Het blijkt dus dat we eigenlijk geschapen zijn "naar het beeld en de gelijkenis" van God. Over het energielichaam gesprokenmens en zijn centra, is het vermeldenswaard dat ze al lang bekend zijn bij veel wereldculturen, en ze worden niet alleen erkend, maar werken er ook mee. Daarom geneest de oosterse geneeskunde, die zich bezighoudt met het energielichaam, zijn chakra's, meridianen en speciale energiepunten, ziekten die voor westerse artsen onbegrijpelijk zijn (het denken is beperkt tot de lagere niveaus van het fysieke vlak).

Nu we enig begrip hebben gekregen van onze energielichamen, kunnen we al verklaren waarom mensen soms blijven voelengeamputeerde lichaamsdelen: omdat het corresponderende deel van het vitale lichaam nog "op zijn plaats" is. Nog een voorbeeld: wanneer de bloedcirculatie in een deel van het lichaam wordt onderbroken en dan weer wordt hersteld, voelen we pijnlijke tintelingen - dit brengt ons etherische lichaam terug naar zijn normale toestand. We trillen in de slaap wanneer het contact met ons vitale lichaam plotseling volledig wordt afgesneden. Wat we 'shock' of 'flauwvallen' noemen, vindt plaats wanneer het etherische lichaam zich van het fysieke lichaam afscheidt. Dit is een beschermende maatregel zodat mensen (en ook dieren) niet overmatig gewond raken als ze worden bedreigd met de dood of hevige pijn. Als we het bewustzijn verliezen of flauwvallen, gaan we misschien dood (of misschien niet), maar voor ons zal het niet zo pijnlijk zijn.

In de toekomst, wanneer de mensheid wijzer wordt en meer kennis verwerftover het etherische gebied en het vitale lichaam, wat nu onmogelijk lijkt,gewoonte zal worden. Het is mogelijk om beschadigde lichaamsdelen en organen te herstellen (opnieuw aan te laten groeien). Maar we moeten realistisch zijn: er zijn goede redenen waarom het ons (fysiek) vroeg of laat niets kan schelen "verslijten" en "sterven". Naarmate we meer begrijpen over de aard van etherische energievelden, zullen we in staat zijn te begrijpen hoe ze in andere rijken werken. We zullen kunnen uitleggen waarom dieren die beter zijn in het waarnemen van energievelden, kunnen anticiperen op aardbevingen, over lange afstanden kunnen migreren zonder enige voorafgaande training, zonder fouten hun weg naar huis kunnen vinden en 'geesten' kunnen voelen (dit zijn energievelden). Het leven van het plantenrijk is ook nauw verbonden met de eb en vloed van etherische energieën, daarom is het zo belangrijk om planten op het juiste moment te planten.

Maar terug naar de informatie over het vitale (of etherische) energielichaam van een persoon. Net als onze andere lichamen - emotioneel, mentaal en spiritueel - bevindt het zich ook op "niveaus" of "subgebieden", waarvan er in totaal zeven zijn. Op het etherische energiegebied vormen de drie lagere subgebieden (vast, vloeibaar en gasvormig) wat wij "materie" noemen. Met andere woorden, alles wat we waarnemen als onze fysieke wereld. De volgende twee subgebieden, die zich daarboven bevinden, zijn verbonden met de vitale energie die de organische lichamen van alle levende wezens voedt. En tenslotte vormen twee hogere lichamen een bol die verbonden is met de energie "van boven" (planetaire en zonnebronnen) en deze energie "naar beneden" aantrekt. Velen geloven dat het zogenaamde "elektromagnetische bereik" een subgebied (of subgebieden) van het etherische gebied is.

Aan het begin van zijn afdaling dringt het licht van de zon door de (bovenste) etherische niveaus als een golf, daalt af naar de grotere niveaus, wordt het subatomaire deeltjes, dan atomen, en wanneer de atomen zich verenigen tot moleculen, wat wordt beschouwd als materie te zijn wordt gevormd. Op deln elke fase wordt het licht "zwaarder" en verliest het zijn vrijheid. Dan begint het inerte molecuul zijn opstijging door de rijken van de natuur (cellen, organen, planten, dieren, mensen, enz.), krijgt steeds meer van zijn vrijheid terug en wordt uiteindelijk weer een vrij wezen van Licht. Van zon tot ziel! De meest subtiele "materie", of energie, van elk van ons energie-"lichaam" stijgt naar zijn hogere subniveau, waar zijn essentie wordt geabstraheerd in een permanent "geheugen", of registratie van deze energielichamen, in de zogenaamde "Permanent atoom". De permanente atomen van al onze lichamen bevinden zich op de hogere subgebieden en blijven vele levens bij ons. Dit zijn de 'zaden' of hogere overeenkomsten van onze genen, en 'lichamen' worden in elke nieuwe incarnatie op hun basis gebouwd.

Veel mensen in de zogenaamde (en onnodig) ontwikkelde wereld hebben een slechte gezondheid en lijden aan ziekten omdat we ons niet realiseren hoe belangrijk het is om ons bewust te zijn van deze energieën en te begrijpen hoe ze ons beïnvloeden. Niet alleen frisse lucht, blootstelling aan de zon, lichaamsbeweging, goede voeding (vooral fruit, groenten, granen, noten, enz.) hebben een gunstig effect op ons energielichaam. Omdat al onze lichamen in feite energetisch zijn, hebben ook onze gedachten, gevoelens en handelingen invloed. En de grotere energievelden waarin we leven - fysiek, mentaal en emotioneel - beïnvloeden ons ook, ten goede of ten kwade.Mensen hebben vaak gemerkt dat innerlijke gezondheid en schoonheid bijdragen aan
*extern*gezondheid en schoonheid. Het omgekeerde is natuurlijk net zo waar.

Levensenergie (ook wel "prana" genoemd) komt het menselijk lichaam voor een groot deel binnen via de milt en het bijbehorende energieveld. Naarmate we spiritueel groeien (ons bewustzijn groeit), zullen al onze energielichamen ons verbinden met hun respectievelijke hogere subgebieden of rijken, en onze ware kracht zal evenredig toenemen.Dit is natuurlijk slechts een algemeen en zeer vereenvoudigd beeld. Wat vooral belangrijk is: ons lichaam moet periodiek worden gereinigd en we moeten deze reinigingen verwelkomen, ze als vanzelfsprekend beschouwen en niet proberen het fysieke ongemak te onderdrukken. Luister naar je lichaam en handel ermee. Vecht er niet tegen - het zal het probleem alleen maar erger maken. De tijd zal komen dat het heden in onze samenleving zal verschijnen. "gezondheid", en dan beginnen we weer integriteit te vinden.

Ritueel kan ook een belangrijke rol spelen in de gezondheid van ons vitale lichaam. Dat is de reden waarom de hogere Wezens gebeden, hymnen en andere ceremonies in ons religieuze bewustzijn hebben ingeprent. Daarom nu in het Westenmeer en meer bezig met meditatie, het reciteren van mantra's en het beoefenen van yoga. Als dit correct wordt gedaan, is dit in het voordeel van onze hogere lichamen. Wanneer ons fysieke lichaam gewond is, blijft de afdruk in het etherische lichaam dat het binnendringt. Daarom blijven er littekens, rimpels, enz. achter, hoewel de cellen van ons lichaam voortdurend worden vernieuwd. Moedervlekken (en zelfs sommige "geboorteafwijkingen") worden vaak geassocieerd met ernstige fysieke schade die in een vorig leven is opgelopen. Ze zijn op ons vitale lichaam gedrukt en gedragen door ons etherisch permanent atoom, dat vele incarnaties op aarde bij ons blijft (hoewel de "gebreken" gewoonlijk in een of meer levens worden "genezen").

Alle niveaus - astraal, mentaal en spiritueel - bevatten een permanent verslag van het leven en alle gebeurtenissen. Onze "Zonne-engel" en andere Hogere Wezens hebben toegang tot deze "kronieken".Over littekens en rimpels gesproken, als we accepteren dat vingerafdrukken uniek zijn, en wetenschappers geloven dat ze een aanleg voor bepaalde ziekten kunnen bepalen, waarom ontkennen velen dan dat handpalmlijnen, waarmee we worden geboren en die ook uniek zijn, alles kunnen doen ? dan bedoel? Denk er eens over na: waarom zou een pasgeboren baby rimpels op zijn handen hebben? Palmlijnen kunnen ons iets over onszelf vertellen. Er zijn redenen voor alles.

Als we ons openen voor het Licht, beginnen we te begrijpen dat alles deel uitmaakt van de onderling verbonden energie van het grotere Leven. De lijnen van de hand, de vorm van het hoofd en nog veel meer in ons uiterlijk, zoals de astrologische geboortehoroscoop, kan veel zeggen tegen een begripvol persoon. Door te onderzoeken wat er achter deze energiepatronen ligt, ontdekken we dat er veel en gevarieerde aanwijzingen voor ons beschikbaar zijn om ons te helpen de zin van het leven te begrijpen. Als je meer wilt weten over kleurovereenkomsten, dan varieert het bereik van etherische subvlakken van bleeklila tot donkerviolet (bijna tot ultraviolet). Interessant is dat violet wordt geassocieerd met de zevende straal van organisatie en ritueel (ritme). Deze energiestraal begint nu zijn impact te maken op de mensheid, en de resonantie tussen de energieën van de Zevende Straal en de etherische energieën zal nieuwe mogelijkheden openen om de vitaliteit van ons etherische lichaam te vergroten.

In de afgelopen honderd jaar heeft blootstelling aan de zevende straal veel ontdekkingen gedaan in verband met elektriciteit. Maar dit is niet te vergelijken met wat er (en vrij snel) te leren is over wat we elektriciteit en elektromagnetische energieën noemen. Uiteindelijk bestaat alles uit aspecten van deze energie (elektriciteit). Over onze energielichamen gesproken, één fenomeen moet worden genoemd, waaroverargumenteren en wat soms verkeerd wordt begrepen: we hebben het over racialelichamen. Zoals reeds vermeld, verbeterde naarmate het bewustzijn zich ontwikkelt, ook het fysieke 'voertuig' of de container van een persoon die bewustzijn bevat; door ons bewustzijn te verhogen en te vergroten, bouwen en verbeteren we voortdurend onze "gidsen". Wat betreft onze "hogere" voertuigen (lichamen), we bouwen ze op uit een hogere "substantie" - uit verlangens, uit een mentale of spirituele substantie. Onthoud dat deze lichamen, net als de rijken die ze bewonen, nog reëler en duurzamer zijn dan de fysieke. Maar laten we het nu over het fysieke hebben.

Laten we ons eerst nog eens het hele plaatje voorstellen: in feite zijn wij de Geest die is neergedaald en gedeeltelijk 'omhuld' in een lichaam van grovere energie, dat wil zeggen, zoals het gewoonlijk materie wordt genoemd. Het is juister om te zeggen dat het punt van hoger (of spiritueel) bewustzijn is ingesloten in het lichaam van lager (materieel) bewustzijn. Laten we herhalen wat in de vorige paragraaf is gezegd: onze Geest verrees als een "vonk van God", of onze hoogsteMonadische essentie, of leven. Deze straal van goddelijkheid daalde neer en drong door in een steeds dichtere substantie (en in de overeenkomstige sferen), totdat hij de dichtste substantie bereikte - materie. Op zijn beurt, gedurende miljarden jaren, strekte dit deel van de materie zich naar boven uit en, nadat het door de koninkrijken van mineralen, planten en dieren was gegaan, uiteindelijk verbonden met de vertegenwoordiger van de Geest, dat wil zeggen, met wat we "Ziel" noemen. En zo werd de man geboren!

Ondanks al het belang ervan, is dit slechts één stap in een eindeloos proces. Het is belangrijk om te begrijpen dat ras, nationaliteit, geslacht en leven in ons "vonk van de godheid" zijn in wezen verschillende dingen: de ene is sterfelijk, van voorbijgaande aard en de andere is eeuwig. In sommige tradities worden ze voorgesteld door een demon (aards wezen) en een engel (een hemels wezen) die op onze schouders zitten. De interactie van onze hogere geest met de lagere "materie" van de geleiders van onze persoonlijkheid geeft aanleiding tot de derde - een gevoel van eigenwaarde, bewustzijn, het idee van "ik ben". We ervaren het allemaal en drukken het uit. Terug naar rassen: het is bekend dat de wetenschap ze voornamelijk heeft gedefinieerd door fysieke parameters. Geestelijke wetenschap graaft, zoals altijd, veel dieper. We leven in het vijfde van de zeven (nogmaals dat aantal) wortelrassen in deze menselijke levensgolf, en elk wortelras bestaat uit (raad eens hoeveel) onderrassen.

De eerste twee wortelrassen zijn niet volledig afgedaald tot het niveau van de stof en hebben daarom geen fysieke sporen achtergelaten. Het derde wortelras was het eerste ras dat in fysieke lichamen bestond en op het fysieke gebied werd onderwezen. De wortelchakra was in die tijd de belangrijkste. Maar zelfs toen, met de eerste glimpen van het Licht, verscheen de kiem van een geïndividualiseerd denkend wezen, en begon de mensheid! T De mensen van het vierde ras waren meer gepolariseerd in het astrale lichaam, of het lichaam van verlangen, en ontwikkelden geleidelijk het vermogen om emotioneel te denken en daarmee het vermogen om hun gedachten door middel van spraak uit te drukken. In die tijd ontwikkelden zich de sacrale en zonnevlechtchakra's. Men kan zeggen dat ze zich te veel hebben ontwikkeld, omdat mensen soms vervielen in seksuele uitspattingen en andere ondeugden die zelfs nog overtroffen huidig. Vanwege deze gedegenereerde neigingen werden de meeste van onze voorouders van het vierde wortelras uiteindelijk vernietigd inreeks rampen. Dit wordt verteld in de mythen en geschriften van alle culturen van de wereld, hoewel ze werden vereenvoudigd voor mensen uit vervlogen tijden. Er is ook veel fysiek bewijs van een wereldwijde overstroming, hoewel veel ervan in de toekomst nog moeten worden ontdekt.

De belangrijkste prestatie van het vijfde (huidige) wortelras is de verdere ontwikkeling van de concrete geest. Wederom wat overbodige ontwikkeling, met de nadruk op techniek, wetenschap en logisch denken. Hoewel deze fase belangrijk en noodzakelijk is in de evolutie van het menselijk bewustzijn, is het slechts één stap op de eindeloze ladder van de kosmische hiërarchie van verlichting, en zelfs een van de eerste stappen, maar natuurlijk niet de belangrijkste en niet de laatste. , zoals sommige mensen denken. Maar zelfs degenen die gefocust zijn op een bepaalde geest zullen naar hogere niveaus gaan wanneer deze fase het nodige werk heeft gedaan.

We hebben een veel glorieuzer lot dat de meest vurige aspiraties waardig is.Wat in de esoterische wetenschap 'onderrassen' van wortelrassen (en 'takken' van onderrassen) worden genoemd, zijn in sommige gevallen antropologische 'rassen'. Om misverstanden te voorkomen die al veel lijden in de wereld hebben veroorzaakt, is het belangrijk om de volgende punten te benadrukken: Ten eerste, wanneer de natuurwetenschap over rassen spreekt, wordt in het algemeen het fysieke lichaam bedoeld, en niet de ziel, zoals al is gezegd.

Ten tweede stammen alle rassen genetisch af van eerdere rassen (met wat hulp van bovenaf, waar we het binnenkort over zullen hebben). Daarom zijn er geen absoluut nieuwe of zuivere rassen. Daarom is er geen fysieke of spirituele reden waarom mensen van verschillende rassen niet kunnen trouwen en kinderen krijgen. Maar er zijn veel verschillende redenen waarom mensen dit kunnen doen, en een van de belangrijkste is om genetisch materiaal voor nieuwe rassen te leveren.

Ten derde zijn er geen "slechte" of "goede" rassen. Van tijd tot tijd verschijnen er nieuwe raciale lichamen die de ziel van meer voorziengeschikte en verfijnde voertuigen om de volgende lessen te leren die voor ons bestemd zijn, en de oude, grovere "vormen" sterven uit. Er zijn veel voorbeelden in de antropologie. Bovendien worden nieuwe raciale lichamen gecreëerd, rekening houdend met het veranderende klimaat van de aarde. Aangezien alles waaruit het planetaire leven bestaat voortdurend wordt verbeterd, en de planeet "versnelt", dat wil zeggen haar vibratie (haar bewustzijn) verhoogt, zijn het niet alleen de fysieke lichamen van mensen die veranderen, het gebeurt onvermijdelijk in alle koninkrijken van natuur.

We weten dat in het verre verleden de lichamen van dieren veel grover waren, en met de komst van andere, meer geschikte voertuigen, verdwenen de voormalige lichamen geleidelijk. Wetenschappers proberen de reden te vinden voor het uitsterven van dinosaurussen. In feite werden de dinosaurussen "vermoord" door het feit dat hun lichaam stoptenieuwe kansen voor verbetering te ontmoeten. Hun levensgolf is overgegaan in nieuwe, kleinere maar efficiëntere lichamen. Hetzelfde is met veel andere diersoorten gebeurd (en zal uiteindelijk ook met de mens gebeuren).

Ten vierde moet ieder redelijk mens begrijpen dat elk ras iets te leren heeft van andere rassen.
Het is tijd om over racisme te praten. Kortom, het wordt geboren uit een laag zelfbeeld, wat zich vertaalt in een verlangen om iemand te vinden om op neer te kijken. Het is bekend dat goed aangepaste mensen met een gezond gevoel van eigenwaarde niet worden gevonden onder de aanhangers van extremisten en geen last hebben van paranoia. Het leven is een spiegel: wie andere mensen belastert, legt zijn eigen zwakheden bloot. Zwaktes die we niet in onszelf willen opmerken, projecteren we op anderen - of het nu gaat om luiheid, diefstal, bedrog, seksuele promiscuïteit of andere "zonden".

En nu komen we bij het huidige moment. Hoe zit het met de komende races? Om deze vraag te beantwoorden, moeten we een beetje afwijken van het onderwerp en ons het koninkrijk herinneren dat ik al heb genoemd en dat het "rijk van de deva's" of engelen wordt genoemd. Dit uitgestrekte en alomtegenwoordige rijk wordt in verband gebracht met veel misverstanden onder mensen. Ik zal proberen mijn eigen, uiterst beperkte (en waarschijnlijk enigszins foutieve) interpretatie te geven van deze belangrijke evolutielijn. Dit rijk, dat gewoonlijk niet wordt waargenomen door de vijf zintuigen van een persoon (omdat zijn vertegenwoordigers in subtielere rijken wonen), is door de geschiedenis heen door vele mystici, helderzienden en spirituele leraren gesproken, en de bewoners ervan worden genoemd in religieuze geschriften rond de wereld. Mythen en legendes spreken over enkele van deze wezens, de minst ontwikkelde en meest gevarieerde, de natuurgeesten of elementalen. Meer ontwikkelde wezens worden vaak engelen genoemd.

Op het huidige niveau van de menselijke evolutie worden het deva-rijk en het menselijke rijk in zekere zin als parallelle werelden beschouwd, hoewel in het evolutieproces de deva's ook door het stadium van het menselijke rijk moeten gaan om hogere spirituele niveaus te bereiken. Daarom zijn ons bewustzijn en dat van hen niet volledig compatibel totdat we verder gaan naar de hogere spirituele rijken. In beide sferen zijn er echter aspecten die diep met elkaar verweven zijn.

Aangezien de evolutionaire levensstromen van deva's en mensen een parallelle koers volgen, hebben ze tot op zekere hoogte dezelfde prestatieniveaus: wat we fysiek, astraal, mentaal en spiritueel noemen. De Devische wezens vormen beide de materie van deze gebieden en zijn hun bouwers. Met andere woorden, ze bouwen vanuit hun eigen substantie. Dit is gemakkelijker te begrijpen als je ze als energie beschouwt. wie ze zijn, niet hoe zit het met de vormen die ze creëren.De lagere of involutionaire deva's die wonen op de gebieden die overeenkomen met onze fysieke en astrale (en zelfs lagere) worden vaak, zoals reeds vermeld, gegroepeerd onder de 'elementaire' groep. De verbeelding trekt ons meteen heksen met puntmutsen met zwarte katten en kokende ketels, maar hoewel mensen soms (met groot risico) proberen deze entiteiten te beïnvloeden vanuit kwade of egoïstische motieven, hebben elementalen niet zo'n vrije wil als mensen. Maar ze werken graag en gehoorzamen hun eigen hoge mentoren en spirituele mentoren van onze planetaire evolutie. (Denk eraan: "Leraar van engelen en mensen"?)

Het deva-koninkrijk is vooral actief in het plantenrijk. De geesten van de natuur, waar zo veel over gesproken wordt, zijn niet de vrucht van iemands verbeelding. Ze zijn verantwoordelijk voor vooruitgang en groei op dit gebied (en belichamen het).Elk element - vuur, water, wind, enz. - heeft zijn eigen geest. Deze elementalen hebben geen intelligentie in onze zin, maar ze kunnen behoorlijk speels zijn. Is het je ooit overkomen: je zit bij het vuur en de rook reikt naar je, ongeacht de richting van de wind? Je verandert van stoel - hij zal je volgen ... De esoterische leringen zeggen dat insecten en vogels nauw verbonden zijn met dit koninkrijk en in sommige gevallen optreden als tussenpersoon tussen de twee evolutionaire stromen - deva's en mensen. (Het is merkwaardig dat veel van de "tekens" worden geassocieerd met vogels. Denk ook aan de Heilige Geest in de vorm van een duif.)

Wat heeft dit alles te maken met het raciale lichaam van de mens? Zoals ik al heb gezegd, worden er regelmatig nieuwe races geïntroduceerd om meer perfecte voertuigen te bieden voor ons groeiende bewustzijn. Sommige van de ongewone verschijnselen die zich nu voordoen, kunnen hier direct van invloed op zijn.

Ufo En Deva's

We hebben allemaal vaak gehoord over ongewone verschijnselen die bijna dagelijks voorkomen. Hoewel ze vaak in detail worden bevestigd en gedocumenteerd, kunnen de meeste mensen ze niet geloven. Ik bedoel het bekende UFO-fenomeen. Van de weinigen die niet vies zijn om op zijn minst kennis te maken met het bewijsmateriaal, zijn de meesten ervan overtuigd dat dit de trucs zijn van wezens van andere planeten, die heel ver van ons verwijderd zijn. Het is interessant om op te merken dat deze categorie mensen grofweg in twee groepen kan worden verdeeld: sommigen geloven dat buitenaardse wezens goede bedoelingen hebben en willen reddende mensheid uit onwetendheid en zelfvernietiging, terwijl anderen meer sinistere en egoïstische motieven zien in hun bezoeken. We projecteren opnieuw onze eigen aard en onze eigen angsten op anderen. Maar ik wil een ander voorstel doen. Namelijk, deze verschijnselen "handwerk" van de deva's. Nu helpt het rijk van de deva's, of engelen, om nieuwe raciale lichamen voor de mensheid te ontwikkelen (zoals in onze geschiedenis heeft geholpen). Daarnaast hebben ze andere missies met betrekking tot evolutie.

Om te beginnen, zoals de orthodoxe wetenschap heeft vastgesteld, treden kleine veranderingen en verbeteringen op onder invloed van:"natuurlijke" genetische mutaties. Het vermogen om de fysieke en andere lichamen geleidelijk te verbeteren naarmate het bewustzijn groeide, was vanaf het begin 'geprogrammeerd' in elk leven. Maar is het niet mogelijk om toe te geven dat voor essentiële veranderingen, die de goddelijke gidsen van de mensheid periodiek als noodzakelijk erkennen, de hulp van 'buitenstaanders' nodig is? In sommige religieuze tradities worden de inwoners van dit koninkrijk parallel aan ons "engelen" genoemd. Maar uiteindelijk omvat dit koninkrijk zowel de bouwers als de substantie van onze fysieke omhulsels. Is het niet logisch dat het ook meedoet aan genetische (programma) veranderingen?

De orthodoxe wetenschap vindt het moeilijk om de snelle groei van beschaving en cultuur in het huidige geologische tijdperk te verklaren. Haar theorieën kunnen evolutionaire sprongen in de ontwikkeling van de mensheid niet onderbouwen, en men moet zijn toevlucht nemen tot hypothetische "verloren schakels". "Nieuwe en verbeterde" menselijke modellen verschijnen altijd "plotseling", relatief onverwacht. En zo is het niet alleen met de mensenrassen, maar ook met het planten- en dierenrijk: "plotseling" verschijnen er nieuwe soorten, en de oude sterven voortdurend uit.In tijden van grote verandering (zoals nu), wanneer de nieuwe dierenriemenergieën samenvallen met de nieuwe combinaties van energieën van de Kosmische Stralen (die beide een grote invloed hebben op het planetaire leven), is het precies om de opkomst van nieuwe vormen van leven te verwachten. En als dat zo is, waarom dan niet aannemen dat de beroemde verschijnselen van "graancirkels" in het plantenrijk, "veeverminkingen" (en in feite voor ons onbegrijpelijke chirurgische ingrepen) in het dierenrijk en "genetische experimenten op UFO-gevangenen" in het mensenrijk - zijn dit slechts individuele manifestaties van de talrijke fysieke transformaties die gepaard gaan met de huidige psychologische en spirituele veranderingen?

Er is al gezegd dat de vijf zintuigen van de mens het rijk van de deva's gewoonlijk niet kunnen waarnemen. Maar het omgekeerde is niet waar: over het algemeen weten de deva's over ons. En sommigen van hen kunnen, onder bepaalde omstandigheden, zelfs hun vibraties vertragen en onze dimensie binnengaan. Ze kunnen ook onze vibraties verhogen, zodat we onze fysieke beperkingen kunnen overwinnen. Op deze manier kunnen we interageren in een soort etherische "grenszone".

Het is interessant om op te merken dat de deelnemers aan de "genetische experimenten" geassocieerd met UFO's, hoewel ze het misschien niet willen, zich in veranderde bewustzijnstoestanden bevinden: hun bewustzijn gaat door muren, enz. (In een andere dimensie is dit in in feite een normale toestand.) Hier is nog een merkwaardig detail: ze zeggen dat de structuur van hun lichaam en vooral de ogen van de 'aliens' op insecten lijken. Dergelijke uiterlijke vormen zijn gemakkelijker voor de deva's om aan te nemen dan de meer complexe, bijvoorbeeld mensen, omdat insecten en vogels een nauwere band hebben met het devische rijk.Laten we het nu hebben over waarom deze "contacten" met UFO's als geweld worden gezien.

Stel jezelf in de plaats van een persoon die zo'n traumatische ervaring heeft moeten doorstaan (vooral als een persoon de evolutionaire achtergrond hiervan niet begrijpt). En als je probeert te praten over je ervaringen, vertellen ze je dat je ofwel bent misleid, of dat je alles zelf hebt uitgevonden, of - als ze het geloven - je het slachtoffer bent geworden van vreselijke wezens van een andere planeet. Natuurlijk zul je je ervaring met dubbele afschuw en afschuw herinneren. Maar laten we dit alles vanuit een ander gezichtspunt bekijken: als wij mensen in zekere zin "cellen" zijn van het fysieke lichaam van God, en onze fysieke lichamen veranderen (aangezien we in duizenden lichamen incarneren gedurende miljarden jaren), wat overeenkomt met aan de verandering van cellen in het lichaam van God, zouden we dan misschien niet zo volledig geïdentificeerd moeten zijn met ons lichaam? In plaats daarvan moeten we begrijpen dat ze zijn als kleding die we 's morgens aandoen en 's avonds uittrekken, en dat ons lichaam niet eens van ons is: ze worden ons gegeven voor tijdelijk gebruik. En als dat zo is, willen we dan niet dat lichamen voortdurend worden verbeterd? Dit proces kan en zal ons voorzien van betere en meer geschikte schelpen naarmate ons bewustzijn groeit. We hebben tenslotte een hoger doel dan alleen bestaan.

Als we de talloze verhalen geloven van "ontvoerd door buitenaardse wezens" (waarbij voor de hand liggende verzinsels worden weggelaten) over de experimenten die op hen zijn uitgevoerd en dit alles in de bovenstaande context bekijken, zullen we dan niet meer gezond verstand in deze gebeurtenissen zien? En, belangrijker nog, zullen ze niet meer gezond verstand blijken te hebben dan bestaande theorieën? Met andere woorden: hoe kunnen anders grootschalige evolutionaire vorderingen worden bewerkstelligd? Hoewel de meeste mensen een idee hebben van engelen en deva's uit de traditionele religieuze leringen, moeten we niet vergeten dat deze concepten ons meestal in de kindertijd worden uitgelegd; dienovereenkomstig is deze informatie voornamelijk bedoeld voor de perceptie van de onvolwassen geest van een kind, en er wordt nog veel meer toegevoegd 'voor het rode woord'. Daarom is het belangrijk om te benadrukken dat andere koninkrijken helemaal niet bestaan om onze fantasieën en verlangens te bevredigen. Zij hebben, net als wij, hun plichten en hun plaats in het algemene evolutieschema (hun eigen dharma, zoals ze in India zeggen). Ze hebben niet de intentie om ons kwaad te doen. In een breed panorama zijn ze een grote hulp voor de mensheid.

Maar er zijn wezens, zowel mensen als niet-mensen die, uit onwetendheid of kwaadwilligheid, proberen zich met hun werk te bemoeien ten behoeve van de evolutie. Hieruit volgt dat we, om meer te leren over het deva-rijk en zijn rol in het Goddelijke Plan, moeten begrijpen dat de gebeurtenissen waarbij ze betrokken zijn niet altijd eenvoudig zijn en riskant kunnen zijn. Daarom moeten we in ieder geval oppassen dat we ons niet opzettelijk bemoeien met het werk van de deva's en niet proberen ze voor egoïstische doeleinden te gebruiken. Pogingen om wezens uit het rijk van de deva's te manipuleren is wat zwarte magie wordt genoemd - een extreem gevaarlijke bezigheid! Maar er zijn mensen die met zorg en respect met natuurgeesten kunnen communiceren, en, gedreven door liefde en niet door egoïsme, kunnen ze instructie krijgen van de devische energieën in het plantenrijk en tot op zekere hoogte met hen samenwerken.

Wanneer een nieuw universum verschijnt - na een lange "nacht" van rust - begint het met een gezonde manifestatie van materie (of lagere Geest), gevolgd door "Licht" (of hogere Geest), geleidelijk dieper en dieper doordringend in de materie. Dit resulteert in het creëren van bewustzijn op elk niveau (in een sfeer of rijk); het daalt neer en begint zo het proces van het leven. Het Al begint dan aan de lange reis van terugkeer naar volmaaktheid (of het "Huis van de Vader"; zie Johannes 14:2). Talloze universums - met talloze sterrenstelsels - met talloze zonnestelsels die talloze, steeds complexere levens verenigen, en dit alles beweegt zich voor altijd langs de stijgende spiraal van het stralende hoogtepunt van het leven! En al die tijd wijlevend op een kleine planeet, onderwijzen Goddelijke Leraren de mysteries van energie op alle niveaus en hoe deze correct te gebruiken in dit theater van zijn. Geleidelijk aan vervullen we onze rol door ons deel van de duisternis te verlichten en daarmee de verantwoordelijkheid op ons te nemen om het steeds verder te verlichten. Tot er helemaal geen duisternis meer is! Zo komt alles na miljarden jaren tot volmaakte balans, tot volmaakte harmonie, tot een duizelingwekkend hoogtepunt. En dit alles is vervat in de volmaakte Kosmische Geest.

School Is Afgelopen

Hulpeloos zit ik op een stoel in de buurt, de tranen rollen over mijn wangen. Het leven verlaat haar langzaam en ik ben in totale wanhoop dat ik niets kan doen om te helpen. Ze is niet meer jong, maar deze mooie vrouw is nog steeds zolk zou veel aan deze wereld kunnen geven. Wat oneerlijk dat het leven nu eindigt, nu de eigenschappen ervan zo nodig zijn! Getalenteerd, medelevend, zelfopofferend - er zijn zo weinig mensen zoals dat! Ze zou nog steeds leven en leven...

Stiekem veeg ik mijn tranen af, maar voor wie zou ik me schamen? Het is duidelijk dat iedereen in deze kamer dezelfde gevoelens ervaart als ik. Konden we maar iets doen! Maar er is niets aan te doen en het doek over haar leven zakt langzaam naar beneden. Dat is het leven. Dit is "dood". Alleen de dood gebeurt niet! Esoterische leringen zeggen dat we op het fysieke gebied worden geboren volgens de Wet van Beperking, en dat we "sterven" volgens de Wet van Bevrijding. Zeer binnenkort zullen we terugkeren naar wat er in de Leringen van Wijsheid wordt gezegd over onze Terugkeer naar Huis. Maar stel je eerst voor dat we in een theater zijn. Hoewel we weten dat de acteurs op het podium acteren, ziet de actie er erg geloofwaardig uit en ervaren we echte gevoelens. Maar de voorstelling eindigt en we herinneren ons dat er een nog reëler leven op ons wacht, onze echte wereld. Vergeleken met de wereld van het spektakel heeft onze wereld meer dimensies; het is nog steeds veel interessanter om erin te leven dan in het theater, hoe spannend de productie ook is. Hoeveel reëler, interessanter en levendiger zal ons leven zijn als we terugkeren van het theater van het fysieke vlak naar ons ware Thuis, waar zelfs meer dimensies zijn!

Eens kijken wat ons etablissement hierover te zeggen heeft. We krijgen geen grote keuze aangeboden. Men kan het dogma van de moderne wetenschap aanvaarden dat de dood de persoonlijkheid volledig vernietigt. Of je kunt een van de religieuze leringen over het leven na de dood aanvaarden: ofwel wacht je een eindeloze kerkdienst, ofwel eeuwige kwelling, de meest verschrikkelijke die een persoon kan bedenken. Het is niet verwonderlijk dat met zo'n perspectief veel mensen zich fel aan het leven vastklampen. (Interessant is dat degenen die zichzelf als de meest vrome beschouwen, het leven op het fysieke vlak vaak zelfs meer waarderen dan degenen die zichzelf atheïst noemen.) We moeten ons bewustzijn verhogen en ons niet laten beperken door deze dogma's! We kunnen profiteren van een van de vele geschenken die nu aan de mensheid worden gegeven - de mogelijkheid om de overgang die we ten onrechte als 'dood' beschouwen, diep te begrijpen.

Van de zogenaamde "bijna-doodervaring" (BDE) kan iets worden geleerd. Dergelijke gevallen worden algemeen beschreven en algemeen erkend. Welke antwoorden geven ze op eeuwige vragen over de dood: wat voelt een mens als de ziel het lichaam verlaat? Wat ervaart een persoon bij het afscheid nemen van alles wat hij gewend is?En wat gebeurt er nadat we de overstap hebben gemaakt? Ik zal mijn eigen begrip presenteren, gebaseerd op de analyse van de informatie waarover de mensheid beschikt over de 'andere kant'. Allen die een klinische dood hebben meegemaakt, zeggen dat ze een vreugdevolle toestand hebben ervaren. Toen ze

eenmaal "overgingen" en het Licht zagen (met de hulp van de wezens die die rijken bewonen), ervoeren ze zo'n gelukzaligheid dat ze niet meer terug wilden.
Waar is de angst?

De leringen van eeuwige wijsheid bevestigen deze indrukken van BDE-overlevendenen praten over het grote gevoel van bevrijding dat we ervaren als we niet langer worden belast door het lichaam dat ons zo beperkt. Achter dit gevoel van vrijheid komt de realisatie van brede mogelijkheden om vooruit te gaan naar het Licht en daardoor iemands spirituele groei te versterken. Sommigen zullen misschien zeggen: wat heb je daar aan? "Geestelijke groei" klinkt niet erg opwindend in vergelijking met de geneugten van het fysieke vlak. Maar hoe zit het met het plezier? En de feesten? Hoe zit het met avonturen? Hoe zit het met sensuele genoegens?Ja, inderdaad, "materie" geeft ons tijdelijke vreugde (echter, hevige pijn), en het is de verleiding van deze grove energieën die ons verleidt om terug te keren naar de fysieke wereld, steeds weer incarnerend, totdat we er uiteindelijk overheen groeien.

In uitzonderlijke gevallen kunnen de astrale lichamen van degenen die te sensueel geabsorbeerd zijn, zelfs 'aardgebonden' worden nadat ze het fysieke lichaam hebben verlaten. De overblijfselen van astrale energieën weerstaan de roep van het hogere leven en worden bekleed met etherische substantie en veranderen in 'geesten'. Soms proberen ze zelfs het lichaam van een levend persoon over te nemen. Het is duidelijk dat als een persoon wordt ondergedompeld in de sensaties van het fysieke gebied en het verlangen van het astrale, hij nog niet klaar is voor de diepe en eeuwige vreugden van een hoger en breder leven. Om een analogie te geven: als je een kind vraagt om te kiezen tussen een ijsje en naar het theater of concert gaan, zullen de meeste kinderen een ijsje kiezen. Maar een volwassene die intellectueel meer ontwikkeld is, geeft veel meer de voorkeur aan een cultureel evenement. Aangezien het grootste deel van de mensheid zich nog in het kinderstadium van bewustzijnsontwikkeling bevindt, het is niet verwonderlijk dat we er toch voor kiezen om terug te keren naar een zorgeloos en frivool leven. En zo zal het zijn totdat we eindelijk alle noodzakelijke lessen leren die op het fysieke vlak voor ons zijn voorbereid. Dat is wanneer we "Laten we speelgoed voor altijd opzij zetten".

Nu de planeet steeds meer verlicht wordt, zullen veel mensen de kans grijpen om op te groeien en het leven te verkiezen boven het leven. Al het bovenstaande geeft familieleden genoeg reden om de persoon die hen verlaat niet te "houden". Het is immers duidelijk dat we, met grote rouw over onze overledenen, hen geen gunstig energieveld geven. Zou het niet beter zijn om ze met vreugde en goede afscheidswoorden naar een nieuwe enorme wereld te begeleiden? We moeten ook begrijpen dat de dood van het fysieke lichaam en de hersenen een grote zegen is, vooral voor het mensenrijk. Kun je je voorstellen hoe langzaam we ons zouden ontwikkelen als we eeuwig zouden leven? Zelfs in de "pauzes" tussen incarnaties verlangen velen nog steeds naar het bekende, en in het volgende leven, met nieuwe kansen, gebruiken ze hun vrije wil om terug te keren naar het oude. Nog een grote zegen: ons is niet gegeven om onze toekomst te kennen. Wat we moeten weten, krijgen we in dromen, visioenen en tekens, maar we mogen onze eigen bestemming bepalen door vrije wil.

Laten we verder praten over onze transitie. Volgens BDE-overlevenden ervaren we het gevoel dat ons hele vorige leven 'aan de ogen voorbijgaat'. Hierin is niets onmogelijk, zoals het op het eerste gezicht lijkt, omdat ons begrip van tijd is gebaseerd op het concept dat is ontwikkeld door ons fysieke brein, dat het als lineair, uniform en unidirectioneel waarneemt. Als we de fysieke wereld verlaten en ons thuis vinden in de hogere (fijnere) sferen, zullen we "tijd" op een heel andere manier ervaren. Dit is wat er gebeurt in de bewustzijnsstaat die 'slaap' wordt genoemd: we dromen heel lang, en als we op de klok kijken, blijkt dat we maar een klein dutje hebben gedaan. Het gebeurt ook andersom: het lijkt ons dat we een beetje hebben geslapen, maar als we wakker worden, merken we dat we vele uren hebben geslapen.

Slaap en dromen kunnen ons veel leren over wat we de dood noemen.

In het beschreven proces is het belangrijk dat we ons leven herzien, onze relaties met andere mensen op alle niveaus opnieuw beleven. Op die momenten ervaren we geluk of pijn - gevoelens die opkwamen bij degenen met wie we communiceerden. We worden geconfronteerd met alle vreugden en verdriet die we zelf hebben veroorzaakt, en dienovereenkomstig voelen we hetzelfde dat andere mensen ooit met ons hebben meegemaakt - niets ontsnapt, er blijven geen geheimen. Alles zal worden herinnerd - fysieke pijnen, emotionele ervaringen, mentale kwellingen en alle goede dingen. En ook de goede, de slechte en de lelijke. Omdat de tijd in deze staat anders aanvoelt, kijken we soms een beetje naar ons leven "van achter naar voren", en dan is het gemakkelijker om de oorzaken van veel gebeurtenissen te zien. Dit proces doet enigszins denken aan het dogma van het vagevuur. (Trouwens, daarom beveelt de Leer van Wijsheid aan dat we, voordat we gaan slapen, de dag waarop we leefden herinneren en proberen alles wat we hebben gedaan mentaal te corrigeren.)Je vraagt je misschien af: hoe zit het met degenen die kwade, duistere krachten dienen? Wat gebeurt er met die wezens die zich vastklampen aan het materiële, die liever in het sensuele rijk blijven, bewust de oorlog verklaren aan elke vorm van verlichting en liefde? Hoe zit het met degenen die verantwoordelijk zijn voor het aantrekken van geestelijk zwakke mensen in eindeloze oorlogen, voor het aanzetten tot haat, het aanwakkeren van hebzucht, voor uitbuiting? Omdat hun energieën resoneren met de laagste, smerigste niveaus van het astrale gebied, gaan ze daar na de dood heen. Dit is een sfeer van duisternis in elke betekenis van het woord, een dimensie waarin er absoluut geen goedheid, waarheid, schoonheid is. (Wij mensen helpen deze lagere rijken te creëren met onze grofste gedachten en daden terwijl we nog in het vlees zijn.)

Dit lagere niveau van het hiernamaals zou een hel lijken voor elke ontwaakte persoon. Alleen wezens die absoluut geen verbinding hebben met hun eigen Ziel kunnen in zo'n omgeving komen. Maar zulke mensen bestaan echt, ze zijn gemakkelijk te vinden op de pagina's van de geschiedenis, en soms onder ons. Sommigen komen zelfs aan de macht, en ze zitten niet alleen in de regering, maar ook in het bedrijfsleven en zelfs in religie - waar het doel van verdeeldheid en stagnatie kan worden gediend.Het volstaat te zeggen dat we zullen opstijgen (of aangetrokken worden) naar een niveau dat resoneert met onze acties in het leven op het fysieke vlak en dat ons bovendien de maximale kans geeft om alle noodzakelijke lessen te leren. Alles is aanwezig - van mooie gelukzaligheid tot verschrikkelijke hel. Er zijn inderdaad "vele woningen" (zie Johannes 14:2). Mensen die hun leven hebben gewijd aan planetaire dienstbaarheid, hebben geleerd hun acties voortdurend te evalueren en correct te corrigeren, hebben slechts een beetje ervaring nodig om op een lager (astraal) niveau te zijn, en ze gaan snel naar hogere sferen, dichter bij de Ziel. Voor hen gaat de tijd doorgebracht in het "vagevuur" snel voorbij.

Dan maken we de overgang naar de sferen, die in verschillende wereldreligies "hemel", "paradijs", devachan, etc. worden genoemd.Tijdens ons tijdelijke verblijf in de hemel worden we voorzien van hogere kansen en ervaringen. Daar kunnen we de positieve eigenschappen die we in vorige levens hebben opgedaan verder ontwikkelen. In de "hemelse" wereld worden we niet langer belast door de energieën van grove verlangens en emoties - ze werden gewist tijdens ons verblijf in de astrale wereld. Nu zijn we gescheiden van de duistere krachten. We kunnen alles gebruiken dat op een hoger niveau overeenkomt met menselijke bibliotheken, musea, universiteiten. De hogere mentale sferen en nog hogere bevatten al het meest waardevollewereldkennis en het beste van de cultuur.

De tijd die ons is toegewezen zal voorbijgaan (hoewel de tijd daar niet lineair is, maar het iser is nog steeds!) verblijf in een hogere wereld, en onze onvervulde verlangens, karma en behoeften van de planeet zullen ons aantrekken naar een nieuw leven op aarde. En dan dalen we weer af naar het astrale gebied en passen we ons weer aan de energieën van deze wereld aan, want binnenkort zullen we een nieuwe incarnatie hebben en zullen we onderworpen zijn aan hun invloed. Wanneer de tijd komt voor "reïncarnatie" (nieuwe incarnatie), kiezen onze Ziel en de "Heren van Karma" de energieën van de omgeving en familie (van wat is) die het meest geschikt zijn voor de volgende fase van onze groei. Ik moet zeggen dat als gevolg van onwetendheid, kwaad, overbevolking, velen van degenen die naar onze wereld terugkeren, zeer sombere vooruitzichten hebben. We krijgen echter een situatie (omgeving) - nogmaals, van wat er op dat moment beschikbaar is - die de beste kansen biedt.

Als we het hebben over verdere verlichting, dan bereiken slechts een paar van een enorm aantal mensen iets in elk leven, want in feite brengt een persoon zijn volgende leven door met het herhalen van het pad dat hij heeft afgelegd, hij leert opnieuw wat hij al begon te begrijpen in vorige levens. Daarom kost het veel tijd om, om zo te zeggen, "snelheid op te pikken". En daar zijn onze hoofden meestal al gevuld met ideeën over afgescheidenheid, omdat de duistere krachten willen dat onze geest gesloten blijft. Veel mensen brengen het grootste deel van hun leven door met het bevredigen van materiële behoeften en ellendige grillen, en dit is waar ze de zin van het leven zien. Daarom moeten velen van ons vele levens leiden voordat we eindelijk op het pad van opstijging naar de geest en het bewustzijn gaan, en hiervoor hebben we veel levenservaring nodig. In verschillende levens kunnen we verschillende persoonlijkheidskenmerken krijgen, bepaald door een bepaalde Straal; we worden geboren onder verschillende tekens van de dierenriem, in verschillende nationaliteiten, enzovoort. We krijgen de lichamen die het meest geschikt zijn voor de volgende lessenreeks. Geslacht verandert ook periodiek, dus in een bepaald leven kan er een "mislukking" zijn van seksuele geaardheid, maar na verloop van tijd, zowel in een individu als in de wereld, harmoniseert alles.

Als we begrijpen dat een persoon vele levens heeft, is het gemakkelijk te begrijpen dat:waarom de kinderen van sommige ouders zo verschillend zijn: het ene kind is rustig, het andere luidruchtig, vrolijk of eigenwijs. Genetische eigenschappen die van ouders zijn ontvangen, dragen alleen bij aan het fysieke lichaam. De basis van persoonlijkheid is gevormd over een oneindig aantal levens (en zal gevormd blijven worden). Maar persoonlijkheid is ook van voorbijgaande aard. Het oorspronkelijke wezen wordt door de onsterfelijke ziel van het ene leven naar het andere overgebracht. Het is belangrijk om nog een waarheid te onthouden: we hebben vele levens en vroeg of laat zullen we bijna de hele menselijke ervaring ervaren (of in ieder geval uit de eerste hand zien). Elk van onze acties - goed of slecht - voorziet in een reactie (karma). Daarom zullen we, voor alle levens die we hebben geleefd en nog steeds leven, blijkbaar anderen veroorzaken, en zullen we zelf alles ervaren wat kan worden veroorzaakt en ervaren. Omdat veel van onze daden slecht waren en zijn, komen ze bij ons terug (karma!) en reageren ze met zeer onaangename ervaringen. Maar in latere levens, wanneer we in de verleiding komen om dezelfde fouten te herhalen, zullen we ons op een bepaald niveau herinneren hoeveel pijn ze ons en anderen al hebben veroorzaakt.

Zo beginnen we onderscheidingsvermogen te ontwikkelen dat tot wijsheid leidt. Dit is een van de redenen waarom een "jonge ziel" en een "oude ziel" zich in dezelfde situatie bevinden en verschillende beslissingen nemen.de ene is onjuist en de andere is juist. Natuurlijk wordt "positief" karma verzameld door de juiste acties. Het universum leert ons met dergelijke methoden en uiteindelijk zullen we leren hoe we correct moeten handelen. Ik denk dat wanneer we de overstap maken en er een breder perspectief voor ons opengaat, we terug zullen kijken en het leven een normale schooldag zal lijken, waarvan er veel zijn: de bel gaat - en we zijn blij met een korte pauze . Hier wil ik erop wijzen dat er veel te leren valt door na te denken over dit schoolmodel. Het is heel belangrijk om te weten dat dit model, dat de laatste tijd zo wijdverbreid is geworden, het Leven behoorlijk weerspiegelt, zij het op een lager niveau (alweer de Wet van Correspondentie). En universeel gratis en openbaar onderwijs is een zeer belangrijke prestatie in de spirituele groei van het mensenrijk. Daarom, de duistere krachten proberen op alle mogelijke manieren om zich met deze instelling te bemoeien. Alle pogingen om mensen onwetend en beperkt in hun opvattingen en overtuigingen te laten blijven, bewijzen de duistere krachten een gunst! Om het bewustzijn te vergroten en spiritueel te groeien, hebben we voortdurende studie nodig, en dit moet met alle middelen worden aangemoedigd.

Als we het leven vergelijken met een schooldag, kunnen we de analogie voortzetten: na vele dagen (levens) op school te hebben doorgebracht, gaan we naar de volgende klas, of naar een hoger niveau. We krijgen een promotie, of spirituele "initiatie" (initiatie). Hoewel alle mensen (in het grote geheel van het Leven) dezelfde kansen hebben om vooruit te komen op het pad van Liefde en Licht, is het gemakkelijk te zien dat mensen zich op verschillende niveaus in de school van het leven bevinden. We zien dat de meerderheid van de mensen als het ware nog in de "basisklassen" zit. Daar zijn verschillende redenen voor: niet iedereen betrad tegelijkertijd het menselijke rijk als individu (zoals eerder vermeld). Daarom worden degenen die al langer "naar school gaan", en daardoor meer levenservaring (en levenservaring) hebben opgedaan, als "oude zielen" beschouwd en kunnen ze een stap of twee verder zijn. Een andere zeer belangrijke factor is dat sommige mensen meer moeite doen en meer kansen benutten, zodat ze (zoals in elke schoolklas) sneller vooruitgang boeken. En anderen geven niet om studeren, ze zien hun capaciteiten niet en raken achterop. Laten we nogmaals benadrukken: het is heel belangrijk om elkaar te helpen. het is in het voordeel van iedereen!

Door levenservaring (studie) gaan wevan onwetendheid naar kennis. Wanneer het hartchakra zich opent, combineren we kennis met liefde en onderscheidingsvermogen. Dat is het moment waarop we wijsheid beginnen te verwerven.In de leringen wordt dit de overgang genoemd van het "Paleis van Onwetendheid" naar "Paleis van Leren" en "Paleis van Wijsheid" (zie bijvoorbeeld: Alice Bailey, "Initiation Human and Solar", p. orig. tien) . Hier wil ik terug naar de "nieuwe groep wereldservers" die ik eerder terloops noemde. In dit stadium stoppen we met het opzettelijk kwetsen van anderen en beginnen we anderen bewust te helpen. Hier begint het verantwoordelijkheidsgevoel. Het is in dit stadium dat we mensen van goede wil worden, die niet proberen anderen te 'overwinnen', maar ernaar streven dat iedereen wint. Dan moeten we het proefgedeelte van het Pad van Discipelschap doorlopen. De ziel roept ons meer en meer op om mensen te dienen, en dus al het leven op de planeet, waar wij deel van uitmaken. Er zijn ook veranderingen in onze overtuigingen, zoals we in het vorige deel van het boek hebben besproken. De tijd van gedachten en zoeken komt, en wanneer we open worden en nieuwe ideeën beginnen waar te nemen, bevredigt de oude ideologie ons niet langer.

Deze fase wordt "kandidaat" genoemd: we streven naar spirituele groei, maar we missen nog het vermogen om te onderscheiden. Wees voorzichtig: het is gemakkelijk om je te laten meeslepen door nieuwe leringen die mooi en indrukwekkend klinken (maar misschien leeg zijn), het is ook mogelijk om niet te geloven in oude overtuigingen en "het kind met het water weg te gooien".Bewaar al het beste, ware en mooie van de oude tradities. En leer onderscheiden. Uiteindelijk houden we op amateurs te zijn en beseffen we dat spiritueel werk serieus, zij het vreugdevol, werk is.

Na verloop van tijd oefenen het fysieke vlak en zijn illusies niet langer hun invloed op ons uit en beginnen we de aantrekkingskracht van materie te overwinnen. We beginnen ons te concentreren op hogere niveaus en beheersen onze fysieke verlangens.Deze eerste stap is erg belangrijk en belangrijk. Het is dan veel moeilijker om te leren niet te bezwijken voor de betovering van het astrale en de wereld en om controle te krijgen over lagere verlangens en emoties. Om dit te doen, moet je redelijker worden, en dan zal het Licht verschijnen, dat de nevelen van het astrale gebied zal verdrijven. Dit is de tweede belangrijke stap.

Dan, wanneer de lagere geest zijn werk heeft gedaan, moet hij ook de illusies van superioriteit opzij zetten en plaats maken voor het hogere Licht van de Ziel, dat ons verbindt met onze Spirituele Triade (die, ik herinner u, bestaat uit de abstracte of Hogere Geest, de Liefde-Wijsheid hartchakra en onze Goddelijke Wil).Dit is de derde zeer belangrijke fase in onze evolutie! Onze succesvolle afronding van deze drie (en andere) 'middelbare school'-cijfers zijn stadia van 'spirituele inwijding'. Er is al gezegd dat in ontelbare incarnaties ons bewustzijn groeit totdat we eindelijk klaar zijn om "ons speelgoed voor altijd weg te doen" en het Echte beginnen te waarderen.

Nu we dit belangrijke punt in onze spirituele evolutie hebben bereikt, leren we eindelijk alle noodzakelijke lessen van het fysieke vlak en hoeven we daar niet meer terug te keren.Wanneer de meeste mensen uiteindelijk hun aardse leerervaring voltooien, zullen we spirituele wezens worden. En sommige "afgestudeerden" zullen de rol van leraren op zich nemen. Omdat we zulke leraren niet met het fysieke oog kunnen zien, ontkennen velen hun bestaan. Maar als we wijzer worden, voelen we hun hulp steeds meer. En ze worden steeds reëler voor ons.

De leraren van de school van het leven zijn degenen die mensen helpen, en we hebben hier al over gesproken. In de spirituele tradities van de wereld worden ze anders genoemd:Broederschap van Licht, Spirituele Hiërarchie, Mentoren, Meesters, enz. Ze worden geleid door de Grote Leraar (Redder, Avatar) van de mensheid. In verschillende religies heeft hij zijn eigen namen (titels), maar hij wordt erkend door alle spirituele tradities. Maar ook in de hogere sferen zullen we nog iets hebben om naar te streven en iets om voor te werken. We zullen altijd toegang hebben tot een nieuwe uitbreiding van het Leven tot die verre dag komt waarop de Kosmos perfect en compleet wordt. De hoofdinhoud van het boek is al vermeld, maar er moet nog een geheim worden gezegd. In onze tijd moet de mensheid een ander soort energie leren. Het meest geschikte woord ervoor in onze taal is synthese. In de Teachings of Wisdom wordt deze gedenkwaardige gebeurtenis beschreven als "de komst van de Avatar of Synthesis" (zie bijvoorbeeld: Alice Bailey, "

We hebben geen idee hoe groot de impact van deze energie zal zijn op de mensheid en op alle vormen van leven op aarde. We weten modieus: dit zal leiden tot een heilzame groei van het bewustzijn van alle componenten van het planetaire leven.Degenen die de vorige delen van dit boek hebben gelezen, zullen waarschijnlijk ook:

a) ben het eens met veel van wat er is gezegd

b) zal van mening zijn dat dit alles in grote lijnen onzin is.

Op de een of andere manier ben ik me er volledig van bewust dat alleen de tijd het hier gepresenteerde beeld van de kosmos kan bevestigen of weerleggen. Maar u zult ontdekken, daar ben ik zeker van, dat uw leven en uw ervaring niet in tegenspraak zijn met de uitspraken die ik heb gedaan. Integendeel: met hen is het mogelijk om niet alleen alles wat er gebeurt te koppelen, maar ook veel beter dan vanuit andere posities te onderbouwen. We hoeven gewoon niet langer te proberen om grote ronde staven in kleine vierkante sleuven te passen. En voor degenen onder jullie die klaar zijn om te stoppen met proberen je realiteit in beperkte geloofsystemen te persen, laat me onthouden: kosmologie"mysteriescholen" waren nooit bedoeld om bestaande geloofsbelijdenissen of wetenschappelijke theorieën te vervangen. Deze leer wordt opgeroepen om mensen een "grote waarheid" te geven waarin de hoogste en zuiverste van deze wereldbeelden zich kunnen verenigen. Basis Deze opvattingen zijn niet voor niets aan de mensheid gegeven en er moet nog veel komen.

Terugkijkend Vanuit De Toekomst

Laten we nu terugkijken van onze toekomst naar de eerste paar decennia van de eenentwintigste eeuw en de vorige twintigste eeuw. Je kunt zelfs nog een paar eeuwen van het afgelopen millennium vastleggen, toen we voor het eerst de invloed van de komende New Age begonnen te voelen. Daar zien we een prachtige tijd van grote ontdekkingen en belangrijke veranderingen die pas aan het einde van het ene tijdperk en het begin van een ander tijdperk plaatsvinden. Dit is een tijd van fundamentele transformatie van de hele planeet. Toch zijn we meer geïnteresseerd in de twintigste eeuw. We zien daarin het Armageddon dat in wereldgeschriften en mythen is voorspeld. Een langdurige oorlog in drie fasen.

De eerste fase was voornamelijk fysiek - naaktagressieve agressie. De tweede fase, zelfs meer fysiek, had niettemin invloed op het lagere astrale: de ideologieën van het kwaad probeerden het groeiende verlangen naar vrijheid en goede wil over de hele planeet te onderdrukken. Gelukkig ontvouwde de derde fase zich voornamelijk op het astrale vlak en op de lagere niveaus van het mentale vlak - het werd de "koude oorlog" genoemd. In kleine landen werd de oorlog echter nog steeds op het fysieke vlak uitgevochten en ging gepaard met overvloedig bloedvergieten, dat wil zeggen, het was zeker niet "koud".

Pas na het tweeënveertigste jaar van de twintigste eeuw begonnen de duistere krachten eindelijk te verzwakken, maar meer dan veertig jaar gingen voorbij voordat in 1985 een zekere grote discipel de hefbomen van de wereldmacht bereikte, onder wie het einde van de laatste fase van de oorlog begon en vrijheid en goedheid begonnen zich weer te verspreiden. zullen. Maar terwijl de laatste vlammen van het wereldvuur uitdoofden, begonnen op sommige plaatsen nieuwe broeinesten van spanning te smeulen - vooral op die plaatsen waar de god van het geld regeerde.(Gelovigen in hem zullen vroeg of laat leren hoe kwetsbaar en wispelturig valse goden zijn.)

Toen, uit de as van de voorbijgaande eeuw, verscheen voor het eerst vrijheid in het grootste deel van de wereld, en daarmee meer Licht.Mensen gingen in zo'n tempo en op zoveel manieren met elkaar om dat de scheidingskrachten geen tijd hadden om zich met hen te bemoeien. Multinationale ondernemingen dwongen mensen om samen te werken, en er was samenwerking, althans op professioneel niveau. Er kwamen steeds meer grote staatsformaties, die hun activiteiten coördineerden met soortgelijke activiteiten (eerst vooral op het gebied van economie en mondiale veiligheid). Ten slotte werd duidelijk dat militair geweld aan betekenis aan het verliezen was en werden kennis en informatie steeds relevanter. Als gevolg hiervan begonnen steeds meer krachten zich te concentreren op de studie van de aarde en vervolgens de ruimte nabij de aarde. (Hoewel de duistere krachten de krijgsmacht zullen blijven ondersteunen ten koste van kennis, kunst en cultuur.)

Aan het einde van het millennium wachtten velen op een soort wereldwijde rampen of zelfs het einde van de wereld. Maar zoiets gebeurde niet, en toen de spanning afnam, voelden diezelfde mensen voor het eerst de mogelijkheid om in vrede te leven.Het is nu moeilijk te geloven dat wij mensen zoveel afschuw over onszelf en over elkaar hebben gebracht. Maar de krachten van de duisternis zijn eindelijk "gebonden", en voor ons opent zich de mogelijkheid om een nieuwe gouden eeuw binnen te gaan. Het Vissentijdperk wordt vervangen door het Watermantijdperk, en groepssamenwerking wordt vervangen door individueel fanatisme. Moet het moment grijpen! We staan voor grote veranderingen.

Toen de eenentwintigste eeuw aanbrak, begonnen er verbazingwekkende dingen te gebeuren. Er is opgemerkt dat steeds meer organisaties en zelfs regeringen worden geleid door verlichte leiders. Voor het veranderenkortzichtige, beperkte en kortzichtige "leiders" kwamen een nieuw soort mensen die een groter beeld van de wereld zagen en niet voor hun eigen belangen werkten, maar voor het algemeen welzijn. Na nog een paar decennia kwam eindelijk de grootste zegen: de Wereldleraar "verscheen" om de planeet te helpen redden. Natuurlijk erkennen veel mensen de grootsheid van dit Wezen nog steeds niet, omdat het op geen enkele manier in overeenstemming is met hun vooroordelen. We zijn nog steeds slaven van onze gewoontes. Beperkte mensen die starre geloofssystemen ondersteunen, verzetten zich fel tegen de wijsheid die deze grote verlosser van de wereld demonstreert.

Over de hele planeet wordt een verlicht leiderschap gevestigd. Kolossale nieuwe energieën manifesteren zich, zowel uit hogere planetaire bronnen als uit buitenaardse rijken, en we gaan eindelijk het gouden millennium binnen. Voor de hele tijd dat de mensheid op de planeet bestaat, is zo'n tijdperk nog niet gebeurd. Zal het echt zo zijn? Wacht maar af.

De Grote Oproep

Rond het midden van de twintigste eeuw werd de mensheid een belangrijk spiritueel werktuig gegeven. Het staat bekend als de Grote Aanroep.De toepassing en het begrip ervan is erghelpt de spirituele beklimming van een persoon. Allereerst moet erop worden gewezen dat wij, mensen, in staat zijn om goddelijke energieën op te roepen, die (hoewel ze vaak worden genegeerd) altijd voor ons beschikbaar zijn. Met de komst van de Zevende Straal van ritueel, ritme en organisatie, zal de wetenschap van het aanroepen - en dit is precies de wetenschap - in toenemende mate het bewustzijn van mensen binnendringen, omdat correct aanroepen precies is wat een georganiseerd, ritmisch ritueel is.

Wanneer gebed, meditatie, hymne, enz. worden gebruikt als een aanroeping en oprechte inspanningen worden geleverd, roepen ze door de wet van resonantie een reactie op hogere niveaus op.Hoe meer mensen een oproep gebruiken en hoe vaker het wordt gedaan, hoe krachtiger en effectiever het wordt vanwege het cumulatieve effect. En hoe hoger het niveau van spiritueel bewustzijn waarin de oproep "verpakt" is, hoe groter de kracht ervan. Door ons hogere spirituele bewustzijn te betrekken bij het aanroepen van hoge energieën, wordt er ook voor gezorgd dat deze energieën niet voor egoïstische doeleinden worden gebruikt, maar voor de dienst van de hele wereld, om bij te dragen aan de verlichting van onze planeet en alle vormen van leven die erop bestaan. Hier is de oproep:

Vanuit het punt van Licht dat in de Geest van God is,

Laat het licht stromenin de hoofden van mensen.

Laat het Licht op de aarde neerdalen.

Vanuit het punt van Liefde in het Hart van God,

Laat Liefde in de harten van mensen stromen.

Moge Christus terugkeren naar de aarde.

Vanuit het Centrum waar de Wil van God bekend is,

Laat het doel de kleine wil van mensen sturen -Het doel, wetende welke, de Leraren dienen.

Vanuit het centrum van wat wij de mensheid noemen,

Moge het plan van liefdeen licht zal uitkomen

En de deur waarachter het kwaad zal worden verzegeld.

Moge licht, liefde en kracht worden hersteld -

Plannen op aarde.

Als iemand mediteert op en de Grote Aanroep gebruikt, wordt het hem steeds duidelijker dat de mensheid uit deze eenvoudige maar zeer diepe en krachtige gave vele niveaus van betekenis, aspecten van waarneming (en praktische resultaten) kan halen.Ik zou hier willen presenteren wat ik "wetenschappelijke visualisatie" van de Grote Aanroep noem. Naar mijn mening wordt de term 'wetenschappelijk' gerechtvaardigd door het feit dat deze overeenkomt met de werkelijkheid, en ik zal proberen dit aan te tonen. En 'visualisatie' in het algemeen is een volledig bewuste mentale deelname aan het te realiseren proces. Met andere woorden, ik zal proberen te laten zien hoe men het spirituele proces kan 'zien' op de niveaus waarop we leven en die we daarom volledig kunnen begrijpen.

Eerste Strofe:

Vanuit het punt van Licht dat in de Geest van God is, Laat

het Licht in de geest van de mensen stromen. Laat het Licht

op de aarde neerdalen.

Het "punt van licht dat in de geest van God is" is hoger, veel hoger dan ons hoogste begrip. Dit Licht, het zichtbare beeld van de Geest, of hoger bewustzijn, wordt geboren in wat we kunnen waarnemen als de geest (of het mentale aspect van de drie-eenheid) van God. Vanaf dit punt van zuiverste intelligentie stroomt het goddelijke licht continu alle natuurrijken binnen, met inbegrip van de goddelijke rijken, het mensenrijk, de lagere rijken en de rijken die de mens over het algemeen niet kent. Het is een bewustzijn dat altijd doordrenkt is geweest en altijd in onze geest zal worden gegoten. Het is niets anders dan kosmische energie, het derde aspect of de Straal van de Goddelijke Drie-eenheid. Een enorme kracht die de mensheid naar een effectief, redelijk niveau van groots leven brengt. Het eindresultaat hiervan is Verlichting!

Licht (of het bewustzijn van God) moet van zijn niveaus afdalen en, als je wilt, met zichzelf alle levens in alle koninkrijken van onze aarde bevruchten. Na verloop van tijd leidt dit tot de groei en uitbreiding van het bewustzijn van alle niveaus van zijn. Als we ons onze zon voorstellen als een symbool (of lagere overeenkomst) van de "geest van God", en het licht dat erdoor wordt uitgestraald als de personificatie van een hoger mentaal gebied, dan kunnen we zien hoe deze energieën "stromen", "dalen naar de aarde" en dringen direct of indirect door in de "geesten van de mensen". Op fysiek niveau weten we dat de zon de bron is van al het leven op de planeet en door de werking van zonlicht (en ook zonnewinden, zonnevlekken, enz.), vinden er diepgaande veranderingen plaats in alle natuurrijken.

Tweede Strofe:

Vanuit het punt van Liefde in het Hart van God, Laat

Liefde in de harten van mensen stromen. Moge Christus

terugkeren naar de aarde.

Het is gemakkelijk voor te stellen hoe het Licht stroomt, maar hoe te visualiseren Liefde?

Ik zal me concentreren op een van de redenen waarom dit niet zo gemakkelijk is om te doen. Allereerst moet worden benadrukt dat de eerste strofe verband houdt met de Derde Straal van kosmische energie en bijgevolg met de zonne-energie.systeem dat aan het onze voorafging. Als een derde straals zonnestelsel heeft het ons in ieder geval het eerste idee van het Licht gegeven. Wat wij 'Goddelijke Liefde' noemen, is nog steeds een nieuw concept voor ons, aangezien we ons in de relatief vroege stadia van ons huidige zonnestelsel bevinden, dat het tweede zonnestelsel is (in een reeks van drie) en tot de Tweede Straal behoort. Het is in dit zonnestelsel dat goddelijke liefde op aarde zal worden verankerd. Hoewel Goddelijke Liefde verre van volledig gematerialiseerd is op de gebieden van ons bewustzijn, lijkt het mij dat het zich begint te manifesteren op manieren die toegankelijk zijn voor onze waarneming. Ik zou bijvoorbeeld willen voorstellen om naar kleur te gaan: door een prisma te gaan, vormt licht kleuren, de zeven spirituele kleuren. Ze kunnen een van de fysieke manifestaties van liefde zijn. Of neem muziek: er zitten zeven noten in een octaaf. Om harmonie te bereiken, men moet zowel klank als kleur kunnen onderscheiden, evenals de maten en de juiste combinaties kennen. Door harmonieuze proporties te bestuderen, storten we ons onwillekeurig in de wetten van geometrie en wiskunde, de gulden snede, enz.

Dit alles leidt tot schoonheid, en schoonheid is de uitdrukking van Liefde in de materie. Betekent dit niet dat "het punt van Liefde dat in het Hart van God is" wij, mensen, kunnen we ons voorstellen als het centrum van de puurste schoonheid, die, "stromend in onze harten", mededogen, altruïsme en alles wat het beste is in een persoon wordt? Uiteindelijk zijn al deze kwaliteiten, elk op hun eigen manier, ontstaan door het kunnen onderscheiden van de juiste verhoudingen en verhoudingen. We weten dat het Goddelijke Plan van Liefde ("Boeddhisch Plan") verwijst naar de Tweede Straal van Liefde-Wijsheid en daarmee kwaliteiten die de juiste relatie uitdrukken als zuivere rede, intuïtie, genade, een holistisch wereldbeeld, mededogen, altruïsme, enz.

Daarom stel ik voor dat de schoonheid die we

waarnemen in kunst, muziek, architecturale meesterwerken en andere objecten op het fysieke vlak de laagste weerspiegeling is (die we kunnen visualiseren) van de hogere en meer subtiele kwaliteiten die hierboven zijn opgesomd. Als we ons visualiseren "Liefde stroomt in de harten van mensen" (en in het hart van de mensheid), kunnen we ons prachtige kleuren en muziek voorstellen - "de muziek van de sferen". (En de verbazingwekkende schoonheid van de natuur.)

Wanneer we het woord "Christus" ontmoeten, herinneren we ons onmiddellijk de opmerkelijke persoonlijkheid die door christenen wordt aanbeden. Maar dit grote Wezen wordt beter begrepen als de universele boodschapper van God die van iedereen houdt, ongeacht religieuze overtuigingen. In de wereld is hij bekend onder verschillende namen en titels. Dus: als we dit grote Wezen oproepen om steeds verder af te dalen in de materie, in de sfeer waar we wonen - en dit is precies wat er nu gebeurt - zal de "terugkeer van Christus naar de aarde" ons zeker helpen de tot nu toe onbekende schoonheid te bereiken van het leven.

Derde Strofe:

Vanuit het centrum waarGods wil is bekend

Laat het doel de kleine wil van mensen sturen - Het doel, wetende welke, de Leraren dienen.

Wie zijn de leraren? Dit zijn ontwikkelde wezens die de Verlosser van de Wereld helpen zijn bewustzijn te verhogen. We noemen ze SpiritueelMentoren, Meesters,

Heren of Spirituele Hiërarchen van onze planeet. Aangezien deze strofe verwijst naar de energieën van de Eerste Straal, zijn de sleutelwoorden hier "Wil" en "Doel". Laten we het eerst over het doel hebben. Voor zover we kunnen begrijpen op ons menselijk niveau, is het Goddelijke Doel het verhogen en uitbreiden van het bewustzijn in al zijn manifestaties. Of, met andere woorden, om het Universum tot perfectie terug te brengen door middel van spirituele evolutie.

Nogmaals, op menselijk niveau wordt dit bereikt door het aanroepen van de Derde Straal Licht-energie, de Tweede Straal Liefdes-energie (verzen één en twee), en de Eerste Straal Goddelijke Wil-energie (vers drie). Maar in het proces van het vervullen van het Goddelijke Plan zijn constante zuiveringen nodig, omdat sommige entiteiten zich verzetten tegen verlichting en moeten worden "opnieuw gemaakt" om nog een kans te krijgen. Een deel van de zuivering kan worden bereikt door het destructieve aspect van de Eerste Straal. Maar hier moet worden benadrukt: in feite kan niets worden vernietigd - noch materie, noch energie; alles is gewoonverandert in iets anders. Daarom vernietigt de Eerste Straal niet eerder dan dat het transformeert, vrijgeeft of opnieuw maakt.

Zo vervult de Eerste Straal verschillende functies: het activeert Licht en Liefde; transformeert wat nodig is, en zuivert ook, door niet-bevrijde "atomen" te scheiden voor herbewerking.Dit kan als volgt worden gevisualiseerd: al het onzuivere (kwaad) wordt gescheiden van het evoluerende leven en gewassen in het centrum van de aarde voor de vurige zuivering en transformatie, en dan weer naar de oppervlakte gebracht om het proces opnieuw te herhalen. Op het fysieke vlak zien we hoe dit in ons lichaam gebeurt (de processen van vertering en uitscheiding). In de esoterische leringen wordt veel aandacht besteed aan Licht en Liefde, wat niet gezegd kan worden over de processen van zuivering en herscheppen. Maar deze belangrijke en noodzakelijke activiteit is voortdurend aan de gang en we moeten er bewust aan deelnemen.

Vierde Strofe:

Vanuit het centrum van wat wij het menselijk ras noemen,

Moge het Plan van Liefde en Licht geschieden,

En de deur waarachterslecht.

Nadat we de verlichting van de derde straal, de meedogende wijsheid van de tweede en de geconcentreerde kracht van de eerste hebben opgeroepen, keren we weer terug naar het keel-"centrum" van de planeet: het menselijke rijk. Het is onze taak (dharma) om "Het Plan van Liefde en Licht" zo te maken dat zijn dynamische energieën eerst in ons koninkrijk "vervuld" worden en daarna in alle andere (dit wordt vermeld in de laatste strofe).

Het is belangrijk om te benadrukken dat alles in het universum hiërarchisch is (hiërarchie betekent "heilige macht"), en dit is geen hiërarchie van macht, maar eerder van toenemende verantwoordelijkheid. Elke structurele eenheid van het universum heeft de verantwoordelijkheid om de vertegenwoordigers van de lagere rijken te helpen. Wij, de mensheid, zijn, samen met de deva's (engelen), die koninkrijken die het meest geschikt zijn om het dieren-, planten- en mineralenrijk te ondersteunen. Dat kan als je de juiste verhoudingen en verhoudingen kent. Dan bouwen we onze interactie met deze koninkrijken op de juiste manier op en helpen de energieën van Licht, Liefde en Wil af te dalen naar de minder ontwikkelde koninkrijken en naar de lagere niveaus. En wanneer alle koninkrijken verlicht worden, zal er gewoon geen ruimte meer zijn voor het kwaad! Door niet deel te nemen aan het kwaad, beroven we het van zijn macht, en dit zal het helpen "verzegelen" zodat het niet meer verschijnt. Daarom roepen we op tot het verzegelen van de "deur waarachter het kwaad" of niet-bevrijde, niet-getransformeerde materie op de lagere (grove) niveaus van alle gebieden, die we in feite als kwaad beschouwen.

Vijfde Strofe:

Moge licht, liefde en kracht worden hersteld - Plan op aarde.

In de laatste strofe visualiseren we "Licht, Liefde en Kracht (Kracht)" afkomstig van de menselijke (en hogere) rijken om "het (Goddelijke) Plan op aarde te herstellen". Kan talloze punten visualiseren, de lichten van verschillende helderheid die deze rijken vertegenwoordigen, de energieën van de derde, tweede en eerste stralen die al zijn aangeroepen, evenals goddelijke buitenplanetaire invloeden. Dit alles is in de juiste verhouding en in de juiste relatie, interageert en verspreidt zich over het hele Aardesysteem om te helpen het Goddelijke Plan van perfectie te herstellen waarvan de mensheid tijdelijk is afgeweken. Zegeningen voor de lezers van dit boek: In de naam van het Licht, in de naam van de liefde, in de naam van het doel zullen we proberen zijn deel van de Ene Oorzaak te vervullen. Moge het zo zijn!

www.ingramcontent.com/pod-product-compliance
Lightning Source LLC
Chambersburg PA
CBHW052355220526
45465CB00003BA/1117